黑龙江省精品图书出版工程专项资金资助

中国经济树木

（5）

主　编·王志刚　纪殿荣　吴京民

东北林业大学出版社
Northeast Forestry University Press

·哈尔滨·

图书在版编目（CIP）数据

中国经济树木.5 / 王志刚，纪殿荣，吴京民主编. — 哈尔滨：东北林业大学出版社，2015.12

ISBN 978-7-5674-0693-3

Ⅰ.①中… Ⅱ.①王… ②纪… ③吴… Ⅲ.①经济植物—树种—中国—图集 Ⅳ.①S79-64

中国版本图书馆CIP数据核字(2015)第316171号

责任编辑：倪乃华　孙雪玲

责任校对：姚大彬

技术编辑：乔鑫鑫

封面设计：乔鑫鑫

出版发行：东北林业大学出版社

　　　　　（哈尔滨市香坊区哈平六道街6号　邮编：150040）

印　　装：哈尔滨市石桥印务有限公司

开　　本：889mm×1194mm　1/16

印　　张：15.25

字　　数：176千字

版　　次：2017年1月第1版

印　　次：2017年1月第1次印刷

定　　价：280.00元

如发现印装质量问题，请与出版社联系调换。（电话：0451-82113295　82191620）

《中国经济树木（5）》

编委会

主　编：王志刚　　纪殿荣　　吴京民

主　审：聂绍荃　　石福臣

副主编：纪惠芳　　李彦慧　　苏筱雨

参　编：杜克久　　黄大庄　　孙晓光　　秦淑英　　路丙社

　　　　李永宁　　李会平　　刘冬云　　史宝胜　　聂庆娟

　　　　张　芹　　张晓曼　　韩　旭　　徐学华　　路　斌

　　　　张　雯　　王　兵　　邓　超

摄　影：纪殿荣　　黄大庄　　纪惠芳

前　言 PREFACE

　　我国疆域辽阔，地形复杂，气候多样，森林树木种类繁多。据统计，我国有乔木树种2000余种，灌木树种6000余种，还有很多引种栽培的优良树种。这些丰富的树木资源，为发展我国林果业、园林及其他绿色产业提供了坚实的物质基础，更在绿化国土、改善生态环境方面发挥着不可代替的作用。

　　由于教学和科学研究工作的需要，编者自20世纪80年代初开始，经过30余年的不懈努力，深入全国各地，跋山涉水，对众多的森林植被和树木资源进行了较为系统的调查研究，并实地拍摄了数万幅珍贵图片，为植物学、树木学的教学、科研提供了翔实、可靠的资料。为了让更多的高校师生及科技工作者共享这些成果，我们经过认真鉴定，精选出我国具有重点保护和开发利用价值的经济树木资源，编撰成了"中国经济树木"大型系列丛书，以飨读者。

　　本套丛书以彩色图片为主，文字为辅；通过全新的视角、精美的图片，直观、形象地展现了每个树种的树形、营养枝条、生殖枝条、自然景观、造景应用等；还对每个树种的中文名、拉丁学名、别名、科属、形态特征、生态习性和主要用途等进行了扼要描述。

　　本套丛书具有严谨的科学性、较高的艺术性、极强的实用性和可读性，是一部农林高等院校师生、科研及生产开发部门的广大科技工作者和从业人员鉴别树木资源的大型工具书。

　　本套丛书的特色和创新体现在图文并茂上。过去出版的图鉴类书的插图多是白描墨线图，且偏重于文字描述，而本套丛书则以大量精美的图片替代了繁杂的文字描述，使每种树木直观、真实地跃然纸上，让读者一目了然，这样就从过去的"读文形式"变成了"读图形式"，大大提高了图书的可读性。

　　本套丛书的分类系统：裸子植物部分按郑万钧系统排列，被子植物部分按恩格勒系统排列（书中部分顺序有所调整）。全书分六卷，共选取我国原产和引进栽培的经济树种120余科，1240余种（含亚种、变种、变型、栽培变种），图片4200幅左右。其中（1）、（2）卷共涉及树木近60科，380余种，图片1200幅左右；（3）、（4）卷共涉及树木近90科，420余种，图片1500幅左右；（5）、（6）卷共涉及树木80余科，440余种，图片1500幅左右。为了方便读者使用，我们还编写了中文名称索引、拉丁文名称索引及参考文献。

　　本套丛书在策划、调查、编撰、出版过程中得到河北农业大学、东北林业大学的领导、专家、教授的大力支持和帮助，得到了全国各地自然保护区、森林公园、植物园、树木园、公园的大力支持和协助，还得到了孟庆武、李德林、黄金祥、祁振声等专家的指导和帮助，在此，对所有关心、支持、帮助过我们的单位、专家、教授表示真诚的感谢。

　　限于我们的专业水平，书中不当之处在所难免，敬请读者批评指正。

编　者

2016 年 12 月

目 录 CONTENTS

树 形

苏铁科 CYCADACEAE

德保苏铁

Cycas debaoensis Y. C. Zhong et C. J. Chen

　　苏铁科苏铁属常绿木本植物，树干大部分地下生长，地上部分高约 40(70) cm，直径约 25(40) cm，深棕褐色。叶 5～11，三回羽状全裂，轮廓呈椭圆形，长 1.3～2.7 m，宽 0.5～1.5 m；叶柄基部以上具刺。基部羽状裂片 6～14，长 3～12 cm；中部羽状裂片近对生，较长，长 40～70 cm，宽 20～27 cm；基部和顶部的羽状裂叶互生，叶片两端渐窄；二级羽状裂片 3～5 对，呈卵形或倒三角形，二或三歧分叉；末级羽状裂片 3～5，线状；低出叶（有鳞叶）密被褐色绒毛。雌雄异株；雄球花纺锤形，柱状，长 13～25 cm，直径 4～9 cm；小孢子叶狭楔形，长 3～3.5 cm，宽 1.2～1.6 cm，不育顶片半圆形；大孢子叶 30～50，松散地集群，长 15～20 cm，密被黄褐色绒毛，聚生为扁球形，直径 18～25 cm，柄长 9～12 cm；不育部分较宽，绿色，近心形或近扇形，深裂为丝状裂片，39～51 片，柄每侧具 2 或 3 枚胚珠。种子 3 或 4，近球形或卵球形。授粉期 3～4 月；种子 11 月成熟。

　　产于广西德保县扶平乡石灰岩山地。

　　为我国特有树种，属于国家一级保护植物。供观赏。

叶 枝

树 形

叶 裱

树 皮

越南篦齿苏铁

Cycas elongata (Leandri) D. Y. Wang

　　苏铁科苏铁属常绿木本植物，树干圆柱形，高达3 m；树皮灰色，仅顶端有宿存叶柄。一回羽状复叶，长90～125 cm，叶柄长22～34 cm，下部密被灰色短柔毛，有刺；小羽片条形，灰绿色，中脉在下面隆起。雌雄异株；雄球花单生于茎顶，长圆锥状，具多数螺旋状排列的小孢子叶，直径10～15 cm；小孢子叶楔形，密被褐黄色绒毛，下面有多数3～5个聚生的小孢子囊；大孢子叶多数，簇生于茎顶，密被褐黄色绒毛，大孢子叶下部呈柄状；胚珠2～4，生于大孢子叶中部两侧。种子卵状球形，长4.5～5 cm，直径4～4.7 cm，熟时红色。花期5～6月；种子8～9月成熟。

　　原产于越南中部。我国中国科学院华南植物园、厦门植物园有引种栽培。

　　树姿优美，供观赏。

海南苏铁

Cycas hainanensis C. J. Chen

苏铁科苏铁属常绿木本植物，高2～5 m；茎粗壮，略平滑，黑褐色。叶片多数簇生于茎顶。羽状叶长约1 m，叶柄两侧密生刺，刺长3～4 mm；羽状裂片条形，革质，中部的羽状裂片长约15 cm，宽约6 mm，基部不对称，下延，表面中脉显著隆起，背面中脉微隆起。雌雄异株；雄球花圆锥形，长30～40 cm，深黄色，单生于茎顶；雌球花扁球形，大孢子叶长30 cm，中部两侧着生胚珠。种子宽倒卵形，微扁。花期5～6月；种子8～9月成熟。

产于海南万宁、海口等地。

属于国家一级保护植物。叶片舒展，美观大方，适宜配置于庭院、公园、假山水旁，亦可盆栽供观赏。

植株

叶枝

植株

叉叶苏铁

Cycas micholitzii Dyer

　　苏铁科苏铁属常绿木本植物，树干圆柱形，高达 4 m。叶螺旋状排列，羽状全裂，长 2～3 m，叶柄两侧具短刺；羽片叉状分裂；裂片线状披针形，边缘波状，长 20～30 cm，宽 2～3 cm。雌雄异株；雄球花圆柱形，单生于茎顶，长 15～18 cm，直径约 4 cm；小孢子叶近匙形或宽楔形，黄色，边缘橘黄色，长 1～1.8 cm，宽约 8 mm，顶部有绒毛，下面有多数 3～4 枚聚合而生的小孢子囊；大孢子叶橘黄色，长约 8 cm，下部长柄状，上部菱状倒卵形，宽约 3.5 cm，篦齿状分裂，在其下方两侧有 1～4 枚近圆形、被绒毛的胚珠。种子成熟时黄色，长约 2.5 cm。花期 3～4 月；果期 9～10 月。

　　分布于热带北部季风区，产于我国广西龙州、大新、崇左及云南弥勒；生于海拔 130～175 m 地带，为喜钙植物。

　　分布范围极窄，植物稀少，羽片叉状分裂，为苏铁属植物所罕见，对保护物种和研究苏铁属分类有一定的科研意义。叶丛终年翠绿，可用于绿化或盆栽供观赏。

叶枝

球花枝

植 株

叶 枝

石山苏铁

Cycas miquelii Warb.

苏铁科苏铁属常绿木本植物，为小型灌木，树干通常不明显，有时也膨大呈葫芦状，或纺锤状，或盘状，或圆柱形，高可达 50 cm，直径达 25 cm，基部膨大成圆球形，灰色至灰褐色，叶痕宿存，后期常脱落而光滑。鳞叶披针形，长 4.5 ～ 8.5 cm，宽 1.5 ～ 2.5 cm，暗棕色，背面密被短绒毛；羽叶长 (30)50 ～ 170 cm，叶柄长 5 ～ 63 cm，上部两侧具 3 ～ 35 对短刺；羽片 40 ～ 81 对，水平开展，革质，条形，表面深绿色，有亮泽，背面淡绿色，叶边缘平或有时反卷；叶轴、叶柄及叶背密被锈色柔毛。雌雄异株；雄球花圆柱形；大孢子叶卵形至菱状椭圆形。种子 25，圆球形，成熟时橘红色。花期 5 ～ 6 月；种子 11 ～ 12 月成熟。

产于广西的石灰岩山区；常生于石隙中。

植株矮小，可盆栽供观赏。

攀枝花苏铁
Cycas panzhihuaensis L.

苏铁科苏铁属常绿木本植物，茎干高 0.4～1 m。羽状叶长 0.7～1.5 m，羽状裂片通常 70～105 对，线形，直或微曲，厚革质，背面无毛或中下部有栗色毛，基部楔形，两侧扁斜；叶柄上部两侧有平直短刺。雌雄异株；雄球花在茎端偏斜着生，纺锤状圆柱形或长椭圆状圆柱形，长 25～45 cm，直径 8～11 cm，梗与轴密生锈色绒毛；雌球花在茎顶呈球状或锥状球形；大孢子叶密生黄褐色至锈褐色绒毛，顶片扁平，宽菱形或菱状卵形，长 8～10 cm，宽 3.5～5.5 cm，中上部呈梳齿状深裂，钻状裂片 15～20 枚，柄状部分的中上部着生 1～5 枚光滑无毛的胚珠。种子近球形或微扁，假种皮肉质，橘红色。花期 3～6 月；种子 9～10 月成熟。

产于四川南部攀枝花市；生于金沙江干热河谷的巴关河沿岸的石灰岩山地。

为中国特有树种，属于国家一级保护植物。可作为庭园观赏树种。

叶 枝

雄球花枝

树 形

华南苏铁 *Cycas rumphii* Miq.

苏铁科苏铁属常绿木本植物，树干圆柱形，高 4～8 m，上部有残存的叶柄。羽状叶长 1～2 m，叶柄长 10～15 cm 或更长，两侧有短刺；羽状裂片 50～80 对排成两列，长披针状条形或条形，革质，绿色，有光泽，先端渐长尖，基部不对称。雌雄异株；雄球花有短梗，单生于茎顶，椭圆状矩圆形，长 12～25 cm，直径 5～7 cm，小孢子叶楔形，长 2.5～5 cm，顶部截状，密被红色或褐红色绒毛，花药 2～5 个聚生；大孢子叶长 20～35 cm，下部柄长，在其上部两侧各有 1～3(多为 2～3) 枚胚珠，胚珠近光滑。种子扁圆形或卵圆形，直径 3～4 cm。花期 5～6 月；种子 10 月成熟。

产于广东、广西、海南及云南南部。性喜强光，喜温暖、干燥及通风良好的环境。

可作为观赏树种，华南各地多栽植于庭园，北方常为盆栽，温室越冬；根可入药；幼叶可食；茎髓含淀粉量大，可以加工做成各种糕点及酿酒。

树 形

单羽苏铁 *Cycas simplicipinna* K. Hill

苏铁科苏铁属常绿木本植物，为低矮灌木，主干不明显，叶痕宿存。鳞叶披针形，长 4.5～7 cm，宽 1.5～2 cm，羽叶长 (1)1.5～2.5 m，叶柄长 0.2～1 m，刺 19～39 对，长约 0.3 cm，刺间距 1.5～4 cm，羽片 18～81 对；中部羽片条形，长 17～40 cm，宽 (1.2)1.6～2.5 cm，深绿色，有光泽，纸质至薄革质，先端渐尖；中脉长 1～1.4 cm，宽 1～1.2 cm，顶端近截状，外面被锈色柔毛。雌雄异株；小孢子叶球狭长圆柱形，长 15～21 cm，直径 2～4 cm；小孢子叶楔形，长约 16 cm，顶片近菱形至卵形，长 3.5～6 cm，宽 3～5 cm，边缘篦齿状深裂，两侧具 5～11 对侧裂片；大孢子叶两面隆起，柄部被毛，胚珠 2～5。种子椭圆形，长 2.5～2.7 cm，直径约 2 cm。花期 4～5 月；种子 9～10 月成熟。

分布于云南勐腊、景洪等地低海拔的热带雨林中。

可供观赏。

叶 枝

树 形

叶 枝

树 形

四川苏铁

Cycas szechuanensis Cheng et L. K. Fu

　　苏铁科苏铁属常绿木本植物，树干圆柱形，直或弯曲，高 2～5 m。羽状叶长 1～3 m，集生于树干顶部；羽状裂片条形或披针状条形，微弯曲，厚革质，长 18～34 cm，宽 1.2～1.4 cm，边缘微卷曲，上部渐窄，先端渐尖，基部不等宽，两侧不对称，上侧较窄，几靠中脉，下侧较宽，下延生长，两面中脉隆起，表面深绿色，有光泽，背面绿色。雌雄异株；小孢子叶球纺锤状圆柱形，长约 25 cm；小孢子叶楔形，长 2～3 cm，宽 0.8～1.2 cm；大孢子叶扁平，有黄褐色或褐红色绒毛，后渐脱落，上部的顶片倒卵形或长卵形，长 9～11 cm，宽 4.5～9 cm，先端圆形，边缘篦齿状分裂，下部柄状，长 10～12 cm，密被绒毛，下部的绒毛后渐脱落，在其中上部每边着生 2～5（多为 3～4）枚胚珠，上部的 1～3 枚胚珠的外侧常有钻形裂片生出，胚珠无毛。花期 4～6 月；种子 10～11 月成熟。

　　产于四川西部峨眉山、乐山、雅安，福建南平、厦门等地有栽培。

　　为庭园观赏树种。

新叶枝

球果枝

仙湖苏铁

Cycas fairylakea D. Y. Wang

　　苏铁科苏铁属常绿木本植物，树干圆柱形，高 1～1.5 m，直径 20～30 cm，叶痕宿存。鳞叶披针形；羽叶多数，长 2～3.1 m，叶柄长 0.6～1.3 m，具刺 29～73 对；羽片 66～113 对，中部羽片长 17～39 cm，宽 0.8～1.7 cm，边缘平至微反卷，条形至镰刀状条形，革质，表面深绿色，有光泽，背面浅绿色，中脉两面隆起。雌雄异株；小孢子叶球单生于树干顶端，圆柱状长椭圆形，长 35～60 cm，直径 5.5～10 cm，小孢子叶楔形；大孢子叶球半球形，直径约 35 cm，高约 15 cm，长 10～19 cm；胚珠 (2)4～6(8)，扁球形。种子倒卵状球形至扁球形，黄褐色，长 3～6 cm，直径 2.6～3 cm，无毛。花期 4～5 月；种子 8～9 月成熟。

　　产于广西、广东与湖南的交界地区。

　　为我国特有树种，属于国家一级保护植物，被誉为"活化石"。本种不仅具有较高的观赏性，而且对研究古地理的变迁及生物的演化有重要意义。

叶枝

树形

林地景观

南洋杉科
ARAUCARIACEAE

贝壳杉

Agathis dammara (Lamb.) Rich.

　　南洋杉科贝壳杉属常绿大乔木，高达 38 m，胸径 45 cm 以上；树皮厚，带红色，鳞状开裂；树冠圆锥形。大枝平展，近轮生，小枝略下垂。叶革质，长圆状披针形至长椭圆形，长 5～12 cm，宽 1.2～5 cm，先端圆、钝圆，稀短尖，深绿色，具多条不明显平行细脉；叶在主枝上螺旋状着生，在侧枝上对生、互生或近对生，叶柄长 3～8 mm。通常雌雄同株，雄球花单生于叶腋，圆柱形。球果近球形或宽卵形，长达 10 cm；苞鳞先端增厚，反曲；种子倒卵圆形。

　　原产于马来半岛和菲律宾。我国福建厦门、福州，广东广州等地有栽培。喜光，喜暖热湿润气候，不耐寒，生长较快。

　　树姿优美，嫩叶发红，后变成深绿色，宜作为庭园观赏树及行道树；木材可作为建筑材料；树干含有丰富的树脂，在工业、医药上有广泛用途。

叶枝

树皮

树形

树 皮

叶 枝

智利南洋杉

Araucaria araucana (Mol.) C. Koch

　　南洋杉科南洋杉属常绿乔木，高 24～30 m，树冠开展呈蘑菇形；树皮灰色，多褶皱。枝密生，向上弯曲，小枝对生。叶较大而扁平，卵状披针形，长 2.5～5 cm，暗绿色，有光泽，硬而尖，紧密叠生于枝上。雌雄异株；雄球花圆柱形，雄蕊多数，螺旋状排列；雌球花椭圆形或近球形，单生于枝顶。球果较大，2～3 年成熟；每果鳞仅 1 枚种子，种子与苞鳞合生。

　　原产于智利和阿根廷。我国福建厦门、广东广州、海南、云南西双版纳等地有少量引种栽培。性喜暖热气候，耐寒性较强。

　　树姿优美，在北美洲及欧洲常作为观赏树种。

树 形

叶 枝

景观林

树 形

大叶南洋杉
Araucaria bidwillii Hook.

南洋杉科南洋杉属常绿大乔木，高达
50 m，胸径达 1 m；树皮暗灰褐色，成薄条
片脱落；树冠塔形。大枝轮生平展，侧生小
枝密生下垂。叶辐射伸展，卵状披针形、披
针形或三角状卵形，扁平或微内曲，坚硬，
厚革质。雌雄异株；雄球花单生于叶腋，圆
柱形，雄蕊多数；雌球花椭圆形，单生于
枝顶，有多数螺旋状着生的苞鳞。球果大，
宽椭圆形或近圆球形，长达 30 cm，直径约
22 cm。花期 6 月；球果第三年秋后成熟。

原产于大洋洲沿海地区。我国广东、香港、
福建等地有栽培。

热带常绿树种，树形端正细长，姿态秀
丽，颇为美观，适于庭园、公园中列植或
孤植作为观赏树种；长江流域及北方常盆
栽供观赏，温室越冬。

树 皮

叶 枝

树 皮

树 形

肯氏南洋杉

Araucaria cunninghamii Sweet

　　南洋杉科南洋杉属常绿乔木，高 60～70 m；大枝轮生，侧生小枝羽状排列并下垂；老树树冠顶部稍平，形似鸡毛掸子。叶革质，螺旋状互生，老树叶片卵形、三角状卵形或三角形；幼树叶片锥形，通常上下扁，表面无明显棱脊。雌雄异株；雄球花单生或簇生，雌球花的苞鳞腹面合生。球果大，直立，椭圆形或近球形；每果鳞仅 1 枚种子，种子与苞鳞合生。

　　原产于澳大利亚东南沿海地区。我国广州、厦门等地有引种栽培；长江流域及北方城市多温室栽培。喜暖热气候，很不耐寒，生长较快。

　　在我国主要作为观赏树种。

行道树景观

异叶南洋杉

Araucaria heterophylla
(Salisb.) Franco

　　南洋杉科南洋杉属常绿乔木，高达50 m，胸径约1.5 m；树皮暗灰色，裂成薄片；树冠塔形，树干通直。大枝平展，小枝平展或下垂，侧枝常呈羽状排列。叶二型，幼树及侧生小枝的叶排列疏松开展，钻形，上弯，长6～12 mm，通常两侧扁，具3～4棱，表面具多数气孔线，有白粉，背面近无气孔线，光绿色；大树及花枝叶排列较密，叶片宽卵形或三角状卵形，长5～9 mm，上面有多数气孔线，有白粉，下面有少数气孔线。雌雄异株。球果近球形或椭圆状球形，长8～12 cm，宽7～11 cm；苞鳞上部肥厚，边缘具锐脊，先端具扁平的三角状尖头，尖头上弯；种子椭圆形，稍扁，两侧具结合而生的宽翅。花期4～7月；球果2～3年成熟。

　　原产于大洋洲诺和克岛。我国福州、厦门、广州等地有引种栽培。喜光，喜暖热的海洋性气候，很不耐寒，生长快。

　　树姿优美，是世界著名的庭园观赏树种，常作为观赏树及行道树；长江流域及北方城市常于温室栽培供观赏。

树形

叶枝

树皮

叶 枝

球果枝

树 皮

树 形

松科 PINACEAE

铁坚油杉

Keteleeria davidiana (Bertr.) Beissn.

　　松科油杉属常绿乔木，高达50 m，胸径达2.5 m；树皮暗深灰色，深纵裂；树冠广圆形。大枝平展或斜展，1年生枝有毛或无毛，淡黄灰色、淡黄色或淡灰色，2～3年枝灰色或淡灰褐色。叶条形，螺旋状排列，在侧枝上排成二列，长2～5 cm，宽3～4 mm，先端圆钝或微凹，幼树或萌生枝的叶先端有刺状尖头，表面光绿色，背面淡绿色，微被白粉。雌雄同株；雄球花4～8，簇生于侧枝顶端间或生于叶腋；雌球花单生于侧枝顶端，直立。球果圆柱形，当年成熟。花期4月；果熟期10月。

　　产于秦岭南坡以南、甘肃东南部、陕西南部、湖北西部、贵州北部和四川等地。喜光，喜温暖湿润气候；喜酸性、中性微石灰性土壤。

　　在分布区内宜保护母树，扩大造林；可提供木材，作为建筑、桥梁等用材。

球果枝

叶枝

树皮

树形

油杉
Keteleeria fortunei (Murr.) Carr.

松科油杉属常绿乔木，高达 30 m，胸径约 1 m；树皮暗灰色，纵裂；树冠塔形，枝开展。叶在侧枝上排成二列，条形，长 1.2～3 cm，宽 2～4 mm，先端圆或钝；幼枝和萌生枝密被毛，叶长 3～4 cm，宽 3.5～4.5 mm，先端有渐尖的刺尖头；叶表面光绿色，无气孔线，背面淡绿色，中脉两侧各有 12～17 条气孔线。雌雄同株；雄球花 4～8，簇生侧枝顶端；雌球花单生于侧枝顶端，直立。球果圆柱形，长 6～18 cm，直径 5～6.5 cm，微有白粉。花期 3～4 月；果熟期 10 月。

产于浙江南部、福建、广东、广西南部；生于海拔 1200 m 以上山地。喜光，喜暖湿气候；喜酸性黄红壤。

为产区造林和风景园林树种；成林可提供木材。

林地景观

日本落叶松
Larix kaempferi (Lamb.) Carr.

　　松科落叶松属落叶乔木，高达30 m，胸径达1 m；树皮暗褐色，鳞片状剥裂；枝平展，树冠塔形。1年生枝淡红褐色或淡红色，有白粉；短枝直径3～5 mm，叶枕环痕特别明显；冬芽紫褐色。叶在长枝上螺旋状散生，在短枝上簇生，倒披针状条形，长1.5～3.5 cm，宽1～2 mm，先端微尖或钝，表面稍平，背面中脉隆起，两面均有气孔线，背面明显。雌雄同株，雄雌球花分别单生于短枝顶端。球果卵圆形，长2～3.5 cm，直径1.5～2 cm，熟时黄褐色；种鳞46～65，排列紧密，上缘波状并明显向外反曲。花期4～5月；球果9～10月成熟。

　　原产于日本。我国北京、河北、吉林、辽宁、黑龙江、内蒙古、新疆、山东、河南、四川等地有栽培。

　　为我国北方山区很好的造林树种；木材淡黄色，坚韧，结构细，耐腐朽，为建筑工程的优良用材；树皮可提制栲胶。

树　形

树　皮

叶　枝

球果枝

叶 枝

树 皮

日本云杉
Picea polita (Sieb. et Zucc.) Carr.

松科云杉属常绿乔木，高达40 m，胸径达3 m；树皮粗糙，淡灰色，浅裂成不规则的小块片；树冠圆锥形。大枝平展，小枝较粗，淡黄色或淡褐黄色。冬芽长卵形或卵状圆锥形，芽鳞深褐色。叶螺旋状排列，四棱状条形，微扁，常弯，长1.5～2 cm，先端尖，四面有气孔线。球花单性，雌雄同株；雄球花单生于叶腋；雌球花单生于枝顶。球果长圆形、卵圆形或圆柱状椭圆形，长7.5～12.5 cm，熟时淡红褐色；种鳞近圆形或倒卵形；种子长4～6 mm。花期4月；球果9～10月成熟。

原产于日本。我国北京、青岛、杭州有引种栽培，生长一般。

株形美观，适应性强，是园林绿化优良树种，可孤植、列植、片植于草坪、建筑物旁，应用效果较好；可提供木材为工程建筑用。

树 形

树 皮

叶 枝

球果枝

赤松

Pinus densiflora Sieb. et Zucc.

　　松科松属常绿乔木，高达 30 m，胸径约 1.5 m；
树皮橘红色，裂成不规则鳞状薄片脱落；树冠伞形。
大枝平展；1 年生枝橘黄色或红黄色，微被白粉。
针叶 2 针一束，长 8～12 cm，直径约 1 mm，有细
齿，树脂道 4～6(9)，边生。球花单性，雌雄同株；
雄球花生于新枝下部苞片腋部；雌球花单生于新枝
近顶端。球果卵圆形或卵状圆锥形，长 3～5.5 cm，
直径 2.5～4.5 cm，熟时暗褐黄色；种鳞薄，鳞盾
扁菱形，横脊明显，鳞脐有短刺；种子倒卵状椭圆
形或卵圆形。花期 4 月；球果翌年 9～10 月成熟。

　　产于黑龙江东南部、吉林长白山区、辽宁中部
至辽东半岛、山东胶东地区及江苏北部云台山地区；
适生于温带沿海山区、平地。喜生于花岗岩、片麻
岩和砂岩风化的酸性或中性土壤。

　　为产区丘陵山地荒山造林先锋树种；木材硬，
结构细，纹理直，耐腐力强，可作为建筑、家具、
纤维工业等用材。

树 形

树 皮

叶 枝

球果枝

萌芽松 *Pinus echinata* Mill.

松科松属常绿乔木，高达 40 m，胸径约 2 m；树皮淡栗褐色，裂成鳞状块片；树干上常有不定芽萌生出许多针叶。大枝开展，枝条每年生长数轮；小枝较细，暗红褐色，初被白粉。冬芽长卵圆形，褐色。针叶 2～3 针一束，长 7～12 cm，直径不及 1 mm，深蓝绿色，有细齿，树脂道 2～5，中生或其中 1 个内生。球花单性，雌雄同株；雄球花生于新枝下部苞片腋部；雌球花单生于新枝近顶端。球果长卵圆形或圆锥状卵形，长 4～6 cm，具短梗或无梗，熟时种鳞张开；鳞盾平或微肥厚，暗褐色，鳞脐突起有短刺；种子长卵圆形。花期 5 月；球果翌年 10 月成熟。

原产于北美洲。我国北京、辽宁熊岳、南京、福建闽侯有引种栽培。

生长较快，为有发展前景的造林树种。从主干上萌发出一丛丛新芽，颇具特色，可作为园林观赏树种。

树 形

湿地松 *Pinus elliottii* Engelm.

松科松属常绿乔木，高达 40 m，胸径约 1 m；树皮灰褐色或暗红色，纵裂成鳞状大块剥落。枝条每年生长 2 至数轮；小枝粗壮，橙褐色至灰褐色；鳞叶干枯后宿存枝上数年不落。针叶 2 针一束、3 针一束并存，长 18～25(30) cm，直径约 2 mm，粗硬，深绿色，边缘有细齿，树脂道 2～9(11)，多内生。球花单性，雌雄同株；雄球花生于新枝下部苞片腋部；雌球花单生于新枝近顶端。球果圆锥状卵形，长 6.5～13 cm，直径 3～5 cm，熟后第二年夏季脱落；鳞盾斜方形，肥厚，鳞脐疣状，有短尖刺；种子卵圆形。花期 3 月中旬；果熟期翌年 9 月。

原产于北美洲东南沿海、古巴、中美洲等地。我国长江流域至华南地区有引种栽培。

树姿挺秀，叶荫浓，可作为庇荫树及背景树，亦可用于培植风景林和水土保持林；木材较硬，结构粗，为建筑、板料、造纸原料。

叶枝

林地景观

树形

树皮

球果枝

球果枝

叶 枝

树 皮

树 形

北美乔松 *Pinus strobus* L.

松科松属常绿乔木，高达 50 m，胸径约 2 m；树皮厚，带紫色；树冠呈阔圆头状。幼枝被柔毛，后渐脱落，无白粉；枝轮生。针叶 5 针一束，蓝绿色，细柔，长 6～14 cm，直径约 1 mm；树脂道 2，边生于背部。球花单性，雌雄同株；雄球花生于新枝下部苞片腋部；雌球花单生于新枝近顶端。球果窄圆柱形，长 8～12 cm，稍弯，被树脂，种鳞边缘不反卷；种子有结合而生的长翅。花期 4～5 月；果熟期翌年秋季。

原产于北美洲。我国辽宁熊岳、北京、江苏南京、湖南、江西、四川等地有引种栽培。

树形美观，针叶纤细柔软，观赏价值较高，用作道路、园区、广场绿化树种；木材轻软，强度中等偏低，边材白色，结构均匀，是制作模板、框格、门和装饰线条的理想木材。

天然林景观

黄山松 *Pinus taiwanensis* Hayata

松科松属常绿乔木，高达30 m，胸径约80 cm；树皮深灰褐色或褐色，裂成不规则鳞状厚片或薄片；幼树树冠圆锥形，老树树冠平顶呈广伞形。大枝平展，1年生枝淡黄褐色或暗红褐色。冬芽卵圆形或长卵圆形，深褐色。针叶2针一束，长5～13 cm（多为7～10 cm），直径稍超1 mm，边缘有细齿，树脂道3～7(9)，中生。球花单性，雌雄同株；雄球花生于新枝下部苞片腋部；雌球花单生于新枝近顶端。球果卵圆形或圆卵形，长3～5 cm，直径3～4 cm，熟时褐色或暗褐色，宿存树上多年不落；种鳞扁菱形，横脊显著，鳞脐具短刺；种子倒卵状椭圆形。花期4～5月；球果翌年10月成熟。

产于台湾、福建、浙江、安徽、江西、湖南、湖北、河南等地。属于亚热带树种，喜温暖湿润气候；对土壤要求不严，但喜酸性土壤山地。

为长江中下游地区海拔700 m以上酸性土荒山造林的重要树种；木材较耐久，可作为建筑、桥梁、家具、纤维工业等用材。

树形

天然林景观

树形

叶枝

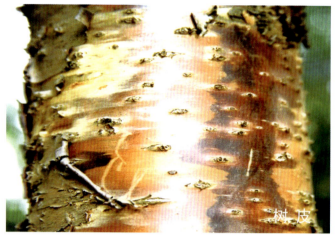

树皮

树形

北美黄杉

Pseudotsuga menziesii (Mirbel) Franco

　　松科黄杉属常绿乔木，高达 100 m，胸径约 12 m；幼树树皮平滑，老树树皮厚，鳞状深裂。1 年生枝淡黄色，微被毛。叶条形，螺旋状着生，长 1.5～3 cm，宽 1～2 mm，先端钝或微尖，无凹缺，表面深绿色，背面色较浅，有两条灰绿色气孔带，树脂道 2，边生。雌雄同株；雄球花单生于叶腋；雌球花单生于侧枝顶端，下垂。球果椭圆状圆卵形，长约 8 cm，直径 3.5～4 cm，褐色，有光泽；种鳞斜方形或近菱形，苞鳞直伸，长于种鳞，显著露出，中裂片窄长渐尖；种子三角状卵圆形。花期 4 月；球果 10 月成熟。

　　原产于美国太平洋沿岸。我国庐山、北京等地有栽培。

　　树苗通常被用作圣诞树；树形壮丽而优美，是优良的风景、观赏树种；材质坚韧，富有弹力，硬度高，抗磨损力强，纹路笔直，保存期长，是良好的建筑及器具用材。

杉科 TAXODIACEAE

日本柳杉

Cryptomeria japonica (L. f.) D. Don

杉科柳杉属常绿乔木，高达 45 m，胸径约 2 m；树皮暗褐色；树冠尖塔形。大枝轮生，水平开展微下垂。叶片直伸，螺旋状排列，锥形，不内弯或微内弯，长 0.4～2 cm。球花单性，雌雄同株；雄球花单生于叶腋，多数集生于枝顶；雌球花单生于枝顶，近球形。球果直径 1.5～2.5 cm，稀达 3.5 cm；种鳞 20～30，上部 4～5(7) 深裂，发育的种鳞具 2～5 枚种子；种子长 2～7 mm，宽 2～3 mm。花期 4 月；球果 10 月成熟。

原产于日本。我国山东青岛、蒙山，江苏，浙江，湖南，江西庐山，湖北等地有引种栽培。

树形高大，树干粗壮雄伟，在园林上最适孤植、对植及丛植或群植，也可培植为风景林；心材淡红色，边材近白色，易加工，可作为建筑、桥梁、板料等用材。

球果枝

叶 枝

树 皮

树 形

垂枝柳杉

Cryptomeria japonica 'Pendula'

　　本种是日本柳杉的栽培变种，亦称垂杉。树高 2 m 以下，都无主干，树冠广卵形。小枝细而长，密生，下垂似垂柳。叶小而扁平，锥形，青绿色或白绿色，长 5～8 mm，是日本柳杉叶长的 1/2 或 1/3，排列紧密。枝条姿态柔美，用于庭园绿化供观赏。

树 形

叶 枝

叶 枝

球果枝

杉木

Cunninghamia lanceolata
(Lamb.) Hook.

　　杉科杉木属常绿乔木，高达 30 m，胸径可达
3 m；树皮灰褐色，裂成长条片。主干通直，幼树
树冠尖塔形，大树树冠圆锥形。大枝平展，小枝
对生或轮生，常成二列状，幼枝绿色。叶螺旋状
互生，侧枝的叶基部扭成 2 列，线状披针形，长
3～6 cm，宽 3～5 mm，边缘有细齿，两面均有
气孔线。雌雄同株；雄球花簇生于枝顶；雌球花单
生或 2～3 朵簇生于枝顶。球果近球形或圆卵形，
长 2.5～5 cm，直径 3～4 cm；苞鳞革质，宿存；
种子长卵形，长 7～8 mm，宽 5 mm。花期 4 月；
球果 10 月成熟。

　　产于北自淮河以南，南至雷州半岛，东自江苏、
浙江、福建沿海，西至青藏高原东南部河谷地区。
阳性树种，喜温和湿润气候，不耐寒，喜深厚肥沃
而排水良好的酸性土壤。

　　主干端直，最适于园林中群植成林或列植道旁；
材质轻软、细致，易加工，可作为建筑、桥梁、造船、
坑木等用材。

林地景观

叶 枝

树 皮

北美红杉

Sequoia sempervirens
(Lamb.) Endl.

　　杉科北美红杉属常绿高大乔木，在原产地高达 112 m，胸径约 8 m；树皮红褐色，厚 15～25 cm。大枝平展。叶二型，鳞叶螺旋状排列，贴生小枝或微开展，长约 6 mm；条形叶排成二列，长 0.8～2 cm，表面深绿色或亮绿色。雌雄同株；雄球花单生于枝顶或叶腋，有短梗；雌球花单生于短枝顶端。球果下垂，卵状椭圆形或卵状球形，长 2～2.5 cm，直径 1.2～1.5 cm，褐色，当年成熟；种子椭圆状长圆形，淡褐色。

　　原产于美国西海岸，在加利福尼亚州有纯林。我国杭州、上海、南京等地有引种栽培。喜温凉湿润气候及排水良好的土壤，弱阳性，生长快，萌蘖力强。

　　树木中的巨人，树干端直，气势雄伟，寿命极长，是世界著名速生珍贵树种之一。

树 形

叶 枝

树 形

台湾杉

Taiwania cryptomerioides
Hayata

　　杉科台湾杉属常绿乔木，高达 60 m，胸径约 3 m；树冠广圆形。枝平展。大树的叶钻形，腹背隆起，背脊和先端向内弯曲，长 3～5 mm，两侧宽 2～2.5 mm，四面均有气孔线，背面每边 8～10 条，表面每边 8～9 条；幼树及萌生枝上的叶的两侧扁，四棱钻形，先端锐尖，长达 2.2 cm，宽约 2 mm。雌雄同株；雄球花 2～5 个簇生于枝顶；雌球花球形，单生于小枝顶端。球果卵圆形或短圆柱形；中部种鳞长约 7 mm，宽约 8 mm，上部边缘膜质; 种子长椭圆形或长椭圆状倒卵形。花期 4 月；球果 10～11 月成熟。

　　产于台湾中央山脉海拔 1800～2600 m 地带。常散生于红桧及台湾扁柏林中。

　　为我国特有树种，属于国家一级保护植物。为我国台湾的主要用材树种之一，也是台湾的主要造林树种；心材紫红褐色，边材深黄褐色带红色，纹理直，结构细、均匀，可作为建筑、桥梁、家具及造纸等用材。

树 形

叶 枝

树 皮

林地景观

墨西哥落羽杉
Taxodium mucronatum Tenore

　　杉科落羽杉属半常绿或常绿乔木，高达50 m，胸径约4 m；树干尖削度大，基部膨大；树皮裂成长条片脱落。枝条水平开展，形成宽圆锥形树冠，大树上的小枝微下垂；生叶的侧生小枝螺旋状散生，不呈二列。叶条形，扁平，排列紧密，裂成二列，呈羽状，通常在一个平面，长约1 cm，宽约1 mm，向上逐渐变短。雌雄同株；雄球花卵圆形，在球花枝上排成总状花序状或圆锥花序状，生于小枝顶端；雌球花单生于上一年生小枝顶端。球果卵圆形，种子不规则三角形。花期3～4月；球果10月成熟。

　　原产于墨西哥及美国西南部，生于亚热带温暖地区。我国南京、武汉有引种栽培，生长良好。耐水湿，多生于排水不良的沼泽地上。

　　为长江流域低洼河网地区的造林树种；树形高耸挺秀，适于公园、水滨池畔栽培供观赏；木材重，纹理直，结构较粗，硬度适中，耐腐力强，可作为建筑、家具、电杆、造船等用材。

柏科 CUPRESSACEAE

金孔雀柏

Chamaecyparis obtusa 'Tetragona Aurea'

柏科扁柏属常绿灌木,为日本扁柏的栽培变种。矮生,树冠圆锥形,紧密;枝近直展,着生鳞叶的小枝呈辐射状排成云片形,较短。叶对生,鳞片状,枝梢鳞叶背部有纵脊,亮金黄色。雌雄同株,球花单生于枝顶。球果圆球形,果鳞盾状,每果鳞具2枚种子,种子两侧有翅。球果当年冬季成熟。

原产于日本。我国长江流域有栽培。喜凉爽温润气候及排水良好的肥沃土壤,较耐阴。

树姿优美,多作为庭园观赏树种。

树 形

地被景观

叶 枝

植 株

金斑凤尾柏

Chamaecyparis pisifera 'Plumose Aurea'

柏科扁柏属常绿小乔木,是日本花柏的栽培变种。树皮红褐色,裂成薄皮脱落。生鳞叶小枝条扁平,排成一平面,柔软细长,枝叶浓密,伸展似凤尾;幼枝新叶金黄色。球果圆球形,熟时暗褐色;种鳞5～6对;种子三角状卵圆形。花期4月;球果10月成熟。

原产于日本。我国东部、中部及西南地区城市有栽培。

新叶金黄,小枝纤细优美,观赏价值高,最适宜庭园栽培供观赏。

叶 枝

林地景观

植 株

球果枝

匍地龙柏

Sabina chinensis 'Kaizuka Procumbens'

柏科圆柏属常绿灌木，为圆柏的栽培变种。无直立主干，主干匍匐地面，斜向上生长，枝条就地平展。多为鳞叶，鳞叶钝尖，背面近中部有椭圆形微凹的腺体。雌雄异株，少同株；雌雄球花均生于短枝顶端。球果近圆球形。花期4月下旬；果多为翌年10～11月成熟。

为庐山植物园用龙柏侧枝扦插繁殖偶然发现的。喜光，喜湿润，耐旱，喜疏松、肥沃的沙质土壤。

树冠宛若盘龙，四季常绿，习性强健，是一种名贵的庭院树，适合公园、绿地等沙地、坡地绿化，也可作为地被植物。

树形

日本香柏

Thuja standishii (Gord.) Carr.

柏科崖柏属常绿乔木，高达 18 m；树皮红褐色，裂成鳞状薄片脱落。大枝开展，枝端下垂，树冠宽塔形。生鳞叶的小枝较厚，扁平，下面的鳞叶无明显的白粉或微有白粉。鳞叶交叉对生，长 1～3 mm，先端钝尖，中央的鳞叶叶背平，无腺点，稀有纵槽，两侧的鳞叶较中央的鳞叶稍短或等长，尖头内弯；鳞叶揉碎时无香气。雌雄同株，球花单生于枝顶；雄球花具多数雄蕊；雌球花具 3～5 对珠鳞。球果卵圆形，长 8～10 mm，暗绿色；种鳞 5～6 对，仅中间 2～3 对发育生有种子；种子扁，两侧有窄翅。花期 4 月；球果 10 月成熟。

原产于日本。我国庐山、南京、青岛、杭州及浙江南部山地有栽培，生长良好。耐低温，喜湿润环境。

为我国亚热带中低产量用材林、风景林、水土保持林的优良树种，可作为庭园观赏树种；木材可供建筑用；叶有香气，可作为香料。

叶枝

林地景观

罗汉松科
PODOCARPACEAE

小叶罗汉松
Podocarpus brevifolius (Stapf) Foxw.

罗汉松科罗汉松属常绿小乔木或灌木。枝向上伸展。叶螺旋状着生，密集，叶片条状披针形，长2～7 cm，宽3～7 mm，两端略钝圆。雌雄异株；雄球花3～5个簇生于叶腋；雌球花单生于叶腋。种子卵形，未熟时绿色，熟时紫色，外被白粉，着生于膨大的种托上；种托肉质，椭圆形，初深红色，后变紫色。花期4～5月；种子8～11月成熟。

原产于日本。我国长江以南各地庭园普遍栽培供观赏，北方多温室盆栽。

可用于室内绿化观赏；也是制作桩景、盆景的极好材料。

树　形

叶枝

球果枝

盆栽

叶 枝

树 形

鸡毛松

Podocarpus imbricatus Bl.

　　罗汉松科罗汉松属常绿乔木，高达 30 m，胸径约 2 m；树干通直，树皮灰褐色。大枝开展或微下垂；小枝纤细，密集。叶异型，幼树、萌生枝或小枝顶端的叶锥状条形，长 6～12 mm，排成二列，形似鸡毛；老枝及果枝上的叶鳞形或锥状鳞形，长 2～3 mm。雌雄异株；雄球花穗状，生于枝顶，长约 1 cm；雌球花单生或成对生于枝顶，通常仅一个发育。种子卵圆形，熟时肉质套被红色，无柄。花期 4 月；种子 10～11 月成熟。

　　产于广西、海南、云南等地；生于海拔 400～1000 m 的热带山地雨林中。喜暖热多湿气候，喜山地黄壤。

　　树干通直，枝叶秀丽，在华南地区可作为山地森林更新和造林树种，也可作为园林绿化树种。

林地景观

花叶竹柏
Podocarpus nagi 'Cacsius'

　　罗汉松科罗汉松属常绿乔木，为竹柏的栽培变种。树高 20 ～ 30 m；树皮近平滑，红褐色或暗红色，裂成小块薄片。枝开展，树冠广圆锥形。叶交叉对生，厚革质；叶片宽披针形或椭圆状披针形，无中脉，有多数并列细脉；叶边缘有大小不一的白边。雌雄异株；雄球花常呈分枝状。种子核果状，圆球形。花期 3 ～ 5 月；果期 10 ～ 11 月。

　　产于我国东南至华南地区；常生于沟谷两旁。喜温暖湿润气候及深厚、疏松土壤，耐阴性强，不耐寒。

　　树形优美，叶奇特，观赏性强，适合庭园栽培或作为行道树供观赏；材质优良，种子可榨油，为南方用材、油料树种。

树形

叶枝

红豆杉科 TAXACEAE

南方红豆杉

Taxus wallichiana var. *mairei* (Lemee et Lévl.) L. K. Fu et N. Li

红豆杉科红豆杉属常绿乔木，高达 30 m；树皮淡灰色，纵裂成长条薄片。叶螺旋状着生，基部扭转为二列，近镰刀形，长 1.5～4.5 cm，背面中脉带上无乳头状角质突起，或有时有零星分布，或与气孔带邻近的中脉两边有 1 至数条乳头状角质突起，颜色与气孔带不同，淡绿色。雌雄异株，球花单生于叶腋；雌球花的胚珠单生于花轴上部侧生短轴的顶端。种子倒卵圆形或柱状长卵形，长 7～8 mm，生于红色肉质杯状假种皮中。花期 5～6 月；种子 9～10 月成熟。

产于我国长江流域以南；常生于海拔 1000～1200 m 山林中。喜温暖湿润气候及排水良好的酸性土壤。

属于国家一级保护植物。枝叶浓郁，种子成熟时红色，适合在庭园栽植作为点缀；材质坚硬，不翘不裂，耐腐力强，可作为建筑、高级家具、室内装饰等用材；种子是珍稀药材。

树形

叶枝

树形

叶 枝

树 皮

球花枝

榧树

Torreya grandis Fort. ex Lindl.

　　红豆杉科榧树属常绿乔木，高达 25 m，胸径约 55 cm；树皮淡黄灰色或深灰色，不规则纵裂。1 年生小枝绿色。叶交叉对生，基部扭转排成二列，条形，直伸，坚硬，长 1.1～2.5 cm，宽 2～4 mm，先端有突起的刺状短尖头，基部圆形或微圆形，全缘，叶面拱圆，有光泽，背面中脉及绿色边带常与气孔带等宽。花单性，雌雄异株；雄球花单生于叶腋；雌球花无梗，两个成对生于叶腋。种子椭圆形、卵圆形或倒卵形，长 1.5～2.5 cm，熟时假种皮淡紫褐色，有白粉。花期 4 月；种子翌年 10 月成熟。

　　产于江苏、浙江、福建、安徽、江西、湖南及贵州等地；生于海拔 1400 m 以下山地。

　　树冠整齐，浓郁成荫，是绿化用途广、经济价值高的园林树种；木材硬度适中，结构细，耐久用，可作为建筑、造船、家具等优良木材。

树 形

胡椒科 PIPERACEAE

胡椒 *Piper nigrum* L.

胡椒科胡椒属攀缘木质藤本。茎、枝无毛，节膨大，常生小根。叶互生，全缘，近革质，叶片宽卵形或卵状长圆形，长 10～15 cm，先端短尖，基部圆形，常稍偏斜，两面无毛，基脉 3～5 条，侧脉 1 对，互生，网脉明显。花杂性，雌雄同株；穗状花序，花序与叶对生，短于叶或与叶等长。浆果球形，熟时红色。花期 6～10 月；果期 10 月至翌年 4 月。

原产于东南亚，现广植于热带和亚热带地区。我国台湾、福建、广东、广西、海南等地有栽培。

种子含挥发油、辣树脂，为名贵调味香料及中药材。

果 枝

花序枝

叶 枝

植 株

叶 枝

树 皮

杨柳科
SALICACEAE

河柳

Salix chaenomeloides
Kimura

　　杨柳科柳属落叶小乔木，高达6 m。小枝红褐色，有光泽。叶互生，叶片椭圆形、卵圆形或椭圆状披针形，长4～8 cm，宽1.8～4 cm，先端渐尖或急尖，基部楔形，稀近圆形，两面光滑无毛，背面苍白色，边缘有腺齿；叶柄长5～12 mm，先端有腺点；托叶半圆形或长圆形，有腺齿，早落。花单性，雌雄异株；柔荑花序侧生于上一年生枝上；雄花序长4～5 cm，粗约8 mm；苞片卵圆形；雄蕊5，具背、腹腺；雌花序4～5.5 cm，粗达10 mm；苞片椭圆状倒卵形；腺体2。蒴果长3～7 mm，2裂。花期4月；果期5月。

　　产于河北、河南、山东、山西、陕西、安徽、江苏及浙江等地；多生于海拔1000 m以下山地。喜光，喜湿润，生于溪流两边、河滩地或杂木林中。

　　木材供制作家具、农具等用；枝条供编织用；为蜜源植物。

果·枝

馒头柳

Salix matsudana Koidz. f. *umbraculifera* Rehd.

　　杨柳科柳属落叶乔木，为旱柳的栽培变种。树皮深灰至暗灰黑色，纵裂。分枝密，端梢齐整，形成半圆形树冠，状如馒头。叶互生，叶片披针形或条状披针形，长5～10 cm，宽约1.5 cm，先端长渐尖，基部宽圆形或楔形；叶柄长5～8 mm。雌雄柔荑花序均直立；雄花序长1.5～2.5 cm，雄蕊2，苞片卵形，黄绿色；雌花序具短梗及3～5枚小叶。果序长约2 cm，蒴果2瓣裂。花期4月；果期4～5月。

　　产于我国东北、华北、西北，南至淮河流域，北方平原地区常见栽培。喜光，耐旱，耐水湿，耐修剪。

　　适应性强，遮阴效果好，是北方地区主要造林和园林绿化树种。

行道树景观

花序枝

树皮

叶枝

树形

树 形

树 皮

果 枝

叶 枝

花序枝

金丝垂柳

Salix × aureo-pendula

　　杨柳科柳属落叶乔木，为金枝白柳与垂柳的杂交种。树高 10 m 以上；幼年树皮黄色或黄绿色。枝条细长下垂，小枝金黄色或金色。单叶互生，叶片长披针形，长 9 ～ 14 cm，边缘有锯齿。

　　我国沈阳以南地区多有栽培。喜光，较耐寒，喜水湿，较耐旱，喜湿润、排水良好的土壤。

　　金丝垂柳因枝条呈金黄色而得名，由于全部为雄树，春季无飞絮，洁净卫生，不污染环境，生长又快，是新型园林观赏树种。

杨梅科 MYRICACEAE

杨梅

Myrica rubra (Lour.) Sieb. et Zucc.

　　杨梅科杨梅属常绿乔木，高达15 m，胸径约60 cm，树冠球形；树皮灰色，老时浅纵裂。小枝较粗，无毛，幼时被圆形盾状着生树脂腺。单叶互生，叶片长圆状倒卵形或长椭圆状倒披针形，长6～16 cm，先端钝尖或钝圆，基部窄楔形，全缘或中部以上疏生锯齿，两面无毛；叶柄长0.2～1 cm。雌雄异株；雄花序单生或几个簇生于叶腋，长1～3 cm；雄蕊4～6；雌花序单生于叶腋，长0.5～15 cm。核果球形，深红色或紫红色。花期4月；果期6～7月。

　　产于江苏南部、浙江、台湾、福建、安徽、江西、湖北、湖南、广东、广西、云南、四川、贵州等地。喜温暖湿润气候，喜排水良好的酸性土壤，耐阴。

　　枝叶浓密，树姿优美，果色鲜艳，常作为观赏树种；果酸甜可口，为著名水果，还可用于制作蜜饯、果汁、果酱和酿酒等；果实、树皮可入药。

果枝

叶枝

树形

树皮

胡桃科（核桃科）
JUGLANDACEAE

美国山核桃（薄壳山核桃）
Carya illinoinensis (Wangenh.) K. Koch

　　胡桃科山核桃属落叶乔木，高达55 m。奇数羽状复叶，小叶11～17，为不对称的卵状披针形，长5～18 cm，宽2～4 cm，常镰状弯曲；叶缘具锯齿。花单性同株；雄花序长8～14 cm，每花具雄蕊3～5；雌花序直立，具花3～10朵。核果状坚果椭圆形，果核长3.7～4.5 cm，核壳薄。花期4～5月；果期10～11月。

　　原产于美国东南和中南部。我国长江中下游地区有栽培。喜光，喜温暖湿润气候，较耐水湿，不耐干旱瘠薄，有一定的耐寒性、深根性。

　　可作为行道树及庭荫树；果核壳薄，仁肥味甘，是优良的木本油料树种。

林地景观

叶枝

树皮

树形

叶 枝

树 皮

树 形

野核桃

Juglans cathayensis Dode

　　胡桃科胡桃属落叶乔木，高达25 m；树皮灰褐色浅纵裂。幼枝灰绿色，被腺毛、星状毛及柔毛。奇数羽状复叶互生，小叶9～17，对生或近对生，无柄，卵形至卵状长椭圆形，长8～15 cm，先端渐尖，基部圆形或近心形，斜歪，缘具细锯齿，表面密被星状毛，背面被柔毛及星状毛；叶轴及叶柄被黄色毛。花单性同株；雄柔荑花序长8.5～25 cm，苞片及花被淡黄色毛；雌花序穗状，长4.5～13 cm，具花5～10朵，密被红色腺毛；柱头紫红色。果卵形，长3～6 cm，密被毛，常6～10个成串。花期4～5月；果期9～10月。

　　产于我国中部、东部及西南部地区。喜光，深根性。

　　可作为嫁接核桃的砧木；种仁含油率65.25%，可作为油料树种。

黑核桃 *Juglans nigra* L.

胡桃科胡桃属落叶大乔木，高30 m以上，树冠圆形或圆柱形；树皮暗褐色或灰褐色，纵裂深。小枝灰褐色或暗灰色。奇数羽状复叶；小叶15～23，卵状披针形，边缘有不规则的锯齿，背面有腺毛。花单性同株；雄花序为柔荑花序，长5～12 cm，小花有雄蕊20～30；雌花序顶生，小花2～5朵簇生。核果状坚果圆球形，浅绿色，表面有小突起，被柔毛；坚果圆形稍扁，先端微尖，壳面有不规则的深刻沟，壳坚厚，难开裂。花期4～5月；果期9～10月。

原产于北美洲。我国辽宁、北京、河北、河南、山西、江苏南京等地有栽培。喜沙壤土或冲积土。

为经济价值较高的材果兼用树种，木材结构紧密，纹理色泽美观，易加工，是胶合板、家具、工艺雕刻、建筑装饰等用材；种仁营养丰富，可食用。

树　皮

叶　枝

果　枝

雄花序枝

雌花序枝

林地景观

树形

桦木科 BETULACEAE

日本桤木

Alnus japonica (Thunb.) Stend.

桦木科桤木属落叶乔木，高达20 m，胸径约60 cm；树皮灰褐色。小枝被油腺点。单叶互生，倒卵状椭圆形、椭圆形或窄长椭圆形，长4～12 cm，宽2～5 cm，先端突渐尖或长渐尖，基部楔形，表面中脉凹陷，背面脉腋具簇生毛，侧脉7～10对，缘具细尖锯齿；叶柄长1～3 cm。花单性，雌雄同株；雄柔荑花序2～5个排成总状，下垂；雄蕊4枚；雌花序较短，长椭圆形，雌花2朵生于苞腋。果序椭圆形，2～5(8)个排成总状；小坚果为核果，椭圆形或倒卵形，具窄翅。花期2～3月；果期9～10月。

产于辽宁南部、吉林、河北、山东、安徽、江苏、台湾等地。喜水湿，常生于低湿滩地、河谷、溪边。

为低湿地、护岸固堤及改良土壤优良造林树种；木材淡褐色，可作为建筑、家具等用材；木炭为无烟火药原料；果序、树皮含鞣质，可提制栲胶。

树皮

叶枝

果序枝

壳斗科
FAGACEAE

鹿角栲
Castanopsis lamontii Hance

壳斗科栲属（锥属）常绿乔木，高达25 m，胸径约1 m；树皮粗糙，浅纵裂。枝叶无毛。叶常二列互生，叶片椭圆形、卵形或长椭圆形，长12～30 cm，先端短或长尖，基部近圆形，稀楔形，常一侧偏斜，全缘或顶端疏生浅齿，两面近同色，网脉明显；叶柄长1.5～3 cm。花单性，雌雄同株；花序直立，雄花花被5～6裂；雌花单生或2～5朵生于总苞内。果序长达15 cm；壳斗具3果，近球形，直径4～6 cm，刺长短粗细差异大，长达1.5 cm，多条连生成刺束，有时基部连成刺环，呈鹿角状分枝；果三角状圆锥形或圆锥形，直径1.5～2.5 cm，密被毛，果脐大于果底部。花期4～5月；果期翌年9～11月。

产于福建、江西、湖南、贵州四省南部及广东、广西、云南东南部；生于海拔500～2500 m的山地。

木材可作为建筑、家具等用材。

树形

叶枝

树皮

树皮

叶枝

苦槠

Castanopsis sclerophylla (Lindl.)
Schott.

　　壳斗科栲属常绿乔木，高达 15 m，胸径约
50 cm；树皮浅纵裂。小枝绿色，无毛。叶常 2
列互生，厚革质；叶片长椭圆形或卵状椭圆形，
长 7～15 cm，中部以上有锯齿，基部宽楔形或
圆形，有时略不对称，背面淡银灰色；叶柄长
1.5～2.5 cm。雌雄同株，花序直立；雄花花被
5～6 裂，子房 3 室，花柱 3。壳斗球形、卵形、
椭圆形，稀杯状，开裂，稀不开裂，全包坚果，
稀包一部分；壳斗外壁密生或疏生针刺或肋状突
起，稀为鳞片状，坚果 1～3 枚生于总苞内，总
苞表面有疣状苞片，果实成串生于枝上。花期 4～5
月；果期 9～11 月。

　　产于长江中下游以南各地区，是南方常绿阔叶
林常见树种之一。喜光，稍耐阴，喜肥沃湿润土壤，
深根性，萌芽性强。

　　枝叶繁茂，有较好的抗二氧化硫等有毒气体、
防尘、隔声及防火性能，可用作风景林、防护林和
工厂绿化树种；材质坚硬致密，耐久用，是优良的
建筑、家具用材；种仁含淀粉及鞣质，江南各地用
于制豆腐，称苦槠豆腐。

树形

叶 枝

皮

果 枝

树 形

槲栎 *Quercus aliena* Bl.

壳斗科栎属落叶乔木，高达 20 m；树皮灰褐色，纵裂；小枝近无毛，具棱。叶互生，长椭圆状倒卵形，长 10～20 cm，宽 5～14 cm，先端钝尖，基部楔形或圆形，叶缘具波状钝齿，侧脉 5～15 对，叶背面被灰色细绒毛；叶柄长 1～3 cm。雌雄同株；雄花序长 4～8 cm；雌花 2～3，生于新枝叶腋。壳斗杯形，包被坚果 1/2 左右，直径 1.2～2 cm；小苞片鳞片状，长约 2 mm。坚果椭圆形至卵形，长 1.7～2.5 cm，宽 1.3～1.8 cm。花期 4～5 月；果期 9～10 月。

产于我国华北至华南、西南等地；生于海拔 100～2400 m 向阳山坡。喜光，耐干旱瘠薄，喜酸性至中性土壤。

木材坚硬，可作为军工、家具、地板、建筑、薪炭等用材；种子可酿酒或用于制作饲料和工业淀粉。

天然林景观

花序枝

锐齿槲栎

Quercus aliena var. *acuteserrata* Maxim.

　　壳斗科栎属落叶乔木，为槲栎的变种。树高达30 m。小枝具槽。叶互生，叶片倒卵状椭圆形或倒卵形，长9～20(25) cm，先端渐尖，基部窄楔形或圆形，叶缘具粗大尖锐钝齿，内弯，侧脉10～16对，叶背密被灰白色平伏细绒毛；叶柄长1～3 cm。雌雄同株；雄花序长10～12 cm；雌花序长2～7 cm，花序轴被绒毛。壳斗杯形，包被坚果约1/3，小苞片卵状披针形，排列紧密。坚果长卵形或卵形，高1.5～2 cm，直径1～1.4 cm。花期3～4月；果期10～11月。

　　产于辽宁、河北、北京、山西、甘肃、浙江、湖南、四川、贵州、云南等地；生于海拔100～2700 m落叶阔叶林中，喜凉爽湿润气候及湿润土壤。

　　用途同槲栎。

树皮

叶枝

树形

树皮

叶 枝

沼生栎 *Quercus palustris* Muench.

　　壳斗科栎属落叶乔木，高达 25 m；树皮暗灰褐色，略平滑。小枝褐色，无毛。单叶互生、叶卵形或椭圆形，长 10～20 cm，宽 7～10 cm，先端渐尖，基部楔形，叶缘 5～7 缺裂，裂片上再具尖裂，叶表面深绿色，光亮，叶背面淡绿色，无毛或脉腋有毛；叶柄长 2～5 cm，初有毛后脱落。花单性同株，雄花序数条簇生下垂，雌花单生或 2～3 朵集生于花序轴上。壳斗皿形，包被坚果 1/4～1/3，壳斗苞片三角形，无毛而有光泽。坚果长椭圆形，有短毛，后渐脱落，果顶圆钝，齐平。花期 4～5 月；果熟期翌年秋季。

　　原产于美国中部和东部。我国于 20 世纪引入山东青岛，生长极好。喜温暖湿润气候及深厚、肥沃、湿润土壤；喜光，极耐水湿，抗寒性弱。

　　树干光洁，叶片宽大，新叶亮嫩红色，9 月变成橙红色或铜红色，是优美的彩色观叶树种。

树形

榆科 ULMACEAE

紫弹朴 *Celtis biondii* Pamp.

叶 枝

榆科朴属落叶乔木，高达 14 m。幼枝密生红褐色或淡黄色柔毛。单叶互生，叶片卵形或卵状椭圆形，长 3～9 cm，宽 2～4 cm，顶端渐尖，基部楔形，中上部边缘有锯齿，少全缘，幼时两面疏生毛，老时无毛；叶柄长 3～8 mm。花杂性同株，与叶同时开放；雄花簇生于新枝下部；两性花 2～3 朵集生于新枝上部叶腋。核果通常 2 枚，腋生，近球形，橙红色或带黑色；果柄长 9～18 mm，长于叶柄 1 倍以上；果核有明显网纹。花期 4～5 月；果期 8～10 月。

产于陕西、甘肃及华中、华东、华南、西南等地；多生于海拔 2000 m 以下山地灌丛和林中，也生于石灰岩山地。

树冠圆满紧凑，枝叶稠密，可用作庭荫树和行道树；木材供建筑及制作器具用；树皮纤维可作为造纸及人造棉原料；果实榨油，供制作肥皂和润滑油用。

树形

叶 枝

树 形

树形（秋）

树 皮

朴树 *Celtis sinensis* Pers.

榆科朴属落叶乔木，高达20 m，胸径约1 m。小枝密被柔毛。单叶互生，叶片宽卵形、卵状菱形、倒卵状披针形或卵状长圆形，长3～10 cm，宽2.5～5 cm，先端急尖或长渐尖，基部稍偏斜，中部以上有圆齿或近全缘，三出脉，下面脉腋有须毛，叶柄长3～10 mm。花杂性同株；雄花簇生于新枝下部叶腋；两性花单生于新枝上部叶腋，1～3朵聚生。核果近球形，橙褐色，直径4～6 mm；果柄与叶柄近等长；果核具蜂窝状网纹。花期4～5月；果期9～10月。

产于淮河流域、秦岭以南至广东、广西、台湾等地；生于海拔1500 m以下低山丘陵地区。

树冠圆满宽广，树荫浓郁，最适合公园、庭园作为庭荫树；木材淡褐色，纹理直，可作为家具、装饰用材；树皮纤维为人造棉、造纸原料；果实榨的油可做润滑剂。

中华金叶榆

Ulmus pumila 'Jinye'

　　榆科榆属落叶乔木，为白榆的栽培变种。树高 20～25 m；树皮纵裂，粗糙。小枝灰色，细长。叶片卵状长圆形、卵形或卵状披针形，长 2～6(9) cm，宽 1.2～3 cm，先端渐尖或长渐尖，基部圆形、微心形或楔形，叶片金黄色，边缘具锯齿；叶柄长 2～8 mm。花两性，簇生；花被钟状，4 浅裂，边具毛；雄蕊 4，花为紫色。翅果近圆形，长 1～1.5 cm。花期 3～4 月；果期 4～6 月。

　　原产于我国东北、华北、华东及华中地区。喜光，适应性强，耐寒、耐旱、耐盐碱。

　　本种由河北省林业科学研究院选育，已广泛推广应用。树冠丰满，枝条萌生力很强，叶金黄色，非常漂亮，是城乡绿化、美化及营造防护林的优良树种。

叶 枝

果 枝

树 形

树 皮

树形

大果榉 *Zelkova sinica* Schneid.

榆科榉属落叶乔木，高达20 m；树皮呈鳞片状剥落。小枝青灰色，无毛。单叶互生，叶片卵形或卵状长圆形，长2～7 cm，宽1.5～2.6 cm，先端渐尖，基部宽楔形至圆形，边缘具单锯齿，表面无毛，背面脉腋有簇毛，侧脉6～10对；叶柄长1～6 mm。花单性，雌雄同株；雄花簇生于新枝下部叶腋，雌花簇生于新枝上部叶腋。核果偏斜，近球形，直径5～7 mm。花期3～4月；果期10～11月。

产于河北、山西、河南、湖北、安徽、江苏、浙江、四川、贵州等地；多生于土层深厚、肥沃的石灰岩山地、沟谷及平原。

木材花纹美丽，坚实耐用，可作为高档家具、地板、装饰等用材。

树皮

花枝

叶枝

花枝

树皮

树形

光叶榉

Zelkova serrata (Thunb.) Makino

　　榆科榉属落叶乔木，高达 30 m；树皮呈鳞片状剥落，幼枝密被柔毛，后脱落。单叶互生，叶片卵形、椭圆状卵形或卵状披针形，长 2～4.5(9) cm，宽 1～2(4) cm，先端长渐尖，基部心形，具粗尖锯齿，表面中脉凹陷，被毛，背面无毛；侧脉 8～14 对；叶柄长 1～9 mm，密被柔毛。花单性，雌雄同株；雄花具极短的梗，簇生于新枝下部叶腋；雌花近无梗，簇生于新枝上部叶腋。核果上部偏斜，无毛，直径约 4 mm。花期 4 月；果期 10 月。

　　产于甘肃、陕西、湖北、湖南、四川、云南、贵州、山东、安徽、台湾等地；辽宁南部、江苏南京等地有栽培；生于海拔 1000 m 以上的山区或高山中上部地带。喜光，喜湿润、肥沃的土壤。

　　木材纹理细，坚韧耐用，可作为造船、家具、桥梁、室内装饰等用材；茎皮纤维为人造棉原料。

桑科 MORACEAE

白桂木

Artocarpus hypargyreus Hance

　　桑科波罗蜜属常绿乔木，高达25 m，胸径约40 cm；树皮片状剥落。幼枝被白色平伏毛。叶互生，叶片椭圆形或倒卵形，长8～15 cm，宽4～7 cm，先端渐尖或短渐尖，基部楔形，全缘，幼树叶羽状裂，表面中脉微被柔毛，背面被粉状柔毛，脉间有粉状簇生毛，侧脉6～7对；叶柄长1.5～2 cm，被毛，托叶线形，脱落。花单性，雌雄同株；花序单生于叶腋；雄花序长1.5～2 cm，直径1～1.5 cm。聚花果近球形，直径3～4 cm，浅黄色至橙黄色，被褐色柔毛，微具乳头状突起。花期6月。

　　产于我国华南及云南东南部。喜光，喜暖热多湿气候，对土壤要求不严。

　　树姿婆娑，叶色亮绿，果实橘黄色，可作为园林绿化及风景树种栽培供观赏；果可生食；根可入药。

叶 枝

树 形

树 皮

新叶枝

盆 栽

树形

黑紫叶橡皮树

Ficus elastica 'Decora Burgundy'

　　桑科榕属常绿乔木,为印度橡皮树的栽培变种。树高达 30 m,胸径约 40 cm;树皮灰白色,平滑。叶厚革质,长椭圆形或椭圆形,长 10～30 cm,先端尖,基部宽楔形,全缘,叶黑紫色,侧脉多数,平行;叶柄粗;托叶膜质,深红色。隐花果成对腋生,卵状长椭圆形,黄绿色;瘦果卵形,被小瘤点。花期 3～4 月;果期 5～7 月。

　　原产于印度、缅甸。我国台湾、广东、广西、四川、云南等地有栽培。喜光,喜暖热气候,耐干旱,喜肥沃土壤。

　　树大荫浓,常作为庭荫树和观赏树;长江以北常盆栽供观赏。

树形

盆栽

叶枝

琴叶榕 *Ficus pandurata* Hance

桑科榕属落叶灌木，高1～2m。小枝及叶柄幼时生短柔毛，后变无毛。叶互生，纸质，提琴形或倒卵形，长4～11cm，宽1.5～4.5（6.3）cm，先端急尖，基部圆形或宽楔形，有三基出脉，侧脉3～5对，表面近无毛，背面脉上有短毛；叶柄长2～8mm。花单性，雌雄异株；雄花和瘿花同生于一花序托内；雌花生在另一花序托内。隐花果（榕果），单生于叶腋，椭圆形或球形，直径0.6～1cm，顶端脐状突起，熟时紫红色。花期6～7月；果期9～10月。

产于安徽、浙江、江西、福建、广东、广西等地；生于山地、旷野、灌木中。

叶形奇特，为优良的观赏树种；茎皮纤维可用于制作人造棉和造纸；根可入药。

果枝

笔管榕 *Ficus virens* Ait.

桑科榕属落叶乔木，高达 26 m，胸径达 5 m；具板根或支柱根，幼时附生。小枝淡红色，无毛。叶互生，薄革质，长椭圆形或椭圆状卵形，长 10～16 cm，宽 4～7 cm，先端短渐尖，基部圆形或浅心形，全缘，无毛，侧脉 7～10 对；叶柄长 2～5 cm；托叶披针状卵形，长 5～10 cm。花单性，雌雄同株；雄花、瘿花和雌花同生于一花序托内。隐花果（榕果）单生或成对腋生，球形，直径 0.7～1.2 cm，熟时黄色或淡红色。花期 5～6 月；果期 10～11 月。

产于浙江、福建、台湾、广东、海南、广西、贵州、四川、云南等地；生于低山丘陵、溪边、路旁。

树体高大，为优良的庇荫树；木材纹理细致、美观，可作为雕刻、家具、农具等用材；茎皮纤维可制人造棉和绳索。

叶枝

树皮

树形

花序枝

华桑 *Morus cathayana* Hemsl.

桑科桑属落叶小乔木，有时呈灌木状；树皮灰白色，近平滑。枝无顶芽，小枝初有毛。叶互生，叶片卵圆形至宽卵形，纸质，长5～20 cm，宽6～14 cm，先端短尖或渐尖，基部近心形或截形，叶缘有粗钝锯齿，幼叶锯齿较密而尖，常不裂或有裂，表面疏生糙伏毛，背面密生短柔毛；叶柄长1.5～5 cm。花单性同株，柔荑花序；雄花序长3～6 cm；雌花序长约2 cm。聚花果长2～3 cm，熟时白色、红色或紫黑色。花期4～5月；果期6～7月。

产于山东、河南，长江流域各地也有分布，北京、河北有栽培；喜生于向阳山坡、沟谷，耐干旱、耐盐碱。

叶形美观，为园林绿化树种；根、皮、枝及叶可入药；木材质坚，有弹性，可作为家具、器具、乐器等用材；茎皮纤维可制绝缘纸、人造棉和造纸。

叶枝（秋）

树形

树形

叶枝

树皮

叶枝（秋）

天然林景观

山桑

Morus mongolica var. *diabolica* Koidz.

　　桑科桑属落叶小乔木或灌木，为蒙桑的变种。树高3～10 m，树皮灰褐色，不规则纵裂。单叶互生，叶片卵形至椭圆状卵形，叶表面粗糙，背面密生灰色柔毛，常3～5深裂，边缘锯齿较整齐；基部三至五出脉；托叶披针形，早落。柔荑花序，雌雄异株，花序腋生。聚花果熟时红色或紫黑色。花期5月；果期6月。

　　产于辽宁、内蒙古、山西、山东、河南、湖北、湖南等地；多生于向阳山坡、沟谷灌丛和杂木林中。喜光，耐寒。

　　材质坚硬，为民用木材；茎皮纤维优质，可造纸等；根、皮可入药；果可食用。

叶 枝

蚁栖树（号角树）

Cecropia peltata L.

　　桑科号角树属常绿乔木，高达 18 m；气生根发达，枝粗壮。叶互生，常集生于枝顶，叶近圆形，宽 30 cm 以上，掌状 7～11 裂，裂片深达叶片中部，裂片基部收缩，表面暗绿色，粗糙，背面密生白毛；叶柄常长于叶片。雌雄异株，花序腋生。聚花瘦果棍棒状。花期春末夏初。

　　原产于美洲热带加勒比海地区。我国台湾、福建、广东等地有栽培。喜光，喜高温多湿气候，不耐干旱和寒冷。

　　树体健壮，树冠开展，遮阴效果好，适宜作为园林风景树和庭荫树。由于经常有毒蚁栖居在中空的树干中，故名蚁栖树，是典型的蚁栖植物。

花序枝

树 形

树 皮

山龙眼科
PROTEACEAE

澳洲坚果

Macadamia ternifolia F. Muell.

　　山龙眼科澳洲坚果属常绿乔木；嫩枝常发红。叶革质，3～5枚轮生，叶片倒披针形至披针形，长20～30 cm，叶缘疏生刺齿或近全缘，两面无毛；叶柄长不足4 mm。花两性；总状花序，花被筒状，长约1 cm，花粉红色或白色；100～300朵成腋生下垂总状花序，长10～45 cm。核果球形，坚硬，有毛；种子直径1.3～3.7 cm。花期4～5月；果期7～8月。

　　原产于澳大利亚东南海岸的亚热带雨林。我国台湾、广州及云南等地有栽培。喜光，喜暖热湿润气候及肥沃深厚土壤，耐干旱，深根性，抗风力强。

　　枝叶茂密，常年翠绿，可植于庭园供观赏或作为大型盆栽材料；种仁白色而香甜，是著名的坚果，享有"干果之王"的美誉；木材红色，适宜作为家具用材。

树形

叶枝

掌状苞片

紫茉莉科
NYCTAGINACEAE

斑叶叶子花
Bougainvillea glabra 'Variegata'

　　紫茉莉科叶子花属常绿藤状灌木，为光叶子花的栽培变种。有枝刺，枝叶密生柔毛。单叶互生，卵形或卵状椭圆形，长5～10 cm，叶绿色，边缘具形状不同的黄白色斑块，全缘。花常3朵顶生，各具1大型叶状苞片，紫红色。花期6～12月。

　　原产于巴西。我国南方各地有栽培；北方多在温室盆栽。喜温暖气候，不耐寒。

　　花期长，叶、花均漂亮，是优美的园林观花树种。

叶 枝

群植景观

植株

连香树科
CERCIDIPHYLLACEAE

连香树

Cercidiphyllum japonicum
Sieb. et Zucc.

连香树科连香树属落叶乔木，高达40 m，胸径约1.5 m，树干端直；树皮暗灰色，薄片状剥落。枝褐色。单叶，对生，叶片在长枝上呈卵形或近菱形，长2.5～3.5 cm，宽约2 cm，边缘有细锯齿，先端凹处有黄色腺点，基出脉3～5，叶柄长1～3.5 cm；短枝上的叶为心形，长3.5～6.5 cm，宽5～7 cm，边缘具浅波状锯齿，掌状脉5～7对，叶柄长2～3 cm。花单性，雌雄异株；花萼4裂，无花瓣；雄花无梗，单生或簇生于叶腋；雌花腋生，花柱线状。聚合蓇葖果，圆柱形，长1.5～2 cm；种子扁平。花期4月；果期8月。

产于我国西北、西南、华东、华中等地；多生于海拔800 m以上山谷、低湿地或林缘。

新叶紫色，秋叶黄色或红色，为优良园林绿化树种；木材纹理直，结构细，坚硬，可作为雕刻、图板、家具、装饰等用材。

树形

叶枝

树皮

领春木科 EUPTELEACEAE

领春木

Euptelea pleiosperma Hook. f. et Thoms.

领春木科领春木属落叶乔木，高达 15 m；树皮紫黑色或棕灰色。小枝紫黑色或灰色；单叶互生，纸质，叶片卵形、椭圆状卵形或菱状卵形，长 5～14 cm，宽 3～9 cm，先端渐尖，基部宽楔形或楔形，边缘具锐尖疏细锯齿，近基部全缘，侧脉 6～11 对；叶柄长 1～5 cm。花两性，无花被，离生心皮；雄蕊 6～18，轮生具长柄。翅果，长 5～10 mm，有 1～2 枚黑色卵形种子。花期 3～4 月；果期 8～9 月。

产于河北、山西、陕西、甘肃及华东、华中、西南等地；多生于海拔 800～1500 m 的阴坡疏林或山谷沟边等阴湿处。

树姿优美，为良好的园林绿化树种；木材淡黄色，细致，可作为家具、农具等用材。

叶 枝

花 枝

果 枝

植 株

木兰科 MAGNOLIACEAE

望春玉兰 *Magnolia biondii* Pamp.

木兰科木兰属落叶乔木，高 6～12 m，胸径达 1 m；树皮淡灰色，平滑。小枝暗绿色。叶互生，叶片长圆状披针形、卵状披针形或长圆状倒披针形，长 10～18 cm，宽 3.5～6.5 cm，先端急尖，基部楔形或圆形，全缘，侧脉 10～15 对；叶柄长 1～2 cm。花两性，先叶开放，单生于枝顶，芳香，直径 6～8 cm；花被片 9，外轮 3 片，近条形，长约 1 cm，萼片状，内两轮近匙形，内轮较小，白色，外面基部带紫红色；雄蕊花丝肥短；离生心皮多数。聚合蓇葖果不规则圆柱形，长 8～14 cm；蓇葖果黑色，球形，密生小瘤点；种子 1～2。花期 3 月；果期 9 月。

产于甘肃、陕西、河南、湖北、湖南、四川等地。喜光，喜温凉湿润气候，喜酸性褐土。

木材可作为家具、装饰等用材；花蕾可入药。

树形

叶枝

花枝

树皮

果枝

树形（秋）

树形

叶枝

花枝

果枝

飞黄玉兰

Magnolia denudata 'Feihuang'

　　木兰科木兰属落叶乔木，为玉兰的栽培变种。树高 15～20 m。枝常具环状托叶痕。单叶互生，叶倒卵状椭圆形，先端突尖而短钝，基部圆形或广楔形，全缘，幼时背面有毛。花两性，大，单生于枝顶，花淡黄色至淡黄绿色，有香气。蓇葖果聚合成球果状。早春叶前开花；果熟期 9～10 月。

　　产于我国中部地区。喜光，有一定的耐寒性，喜肥沃、湿润而排水良好的酸性土壤，较耐旱，不耐积水。

　　花大、芳香，早春黄花满树，十分美丽，是驰名中外的庭园观花树种。

果枝

树皮

日本厚朴

Magnolia hypoleuca Sieb. et Zucc.

　　木兰科木兰属落叶乔木，高达 30 m；树皮淡紫色。小枝紫色。叶集生于枝顶，叶片倒卵形，长 20～40 cm，宽 12～20 cm，先端短尖，基部宽楔形，全缘，表面绿色，背面苍白色，被白色弯曲长柔毛，侧脉 20～24 对；叶柄长 2.5～4.5 cm。花两性，白色，杯状，芳香，直径 14～20 cm；花被片 6～12，倒卵形，外轮 3 片红褐色，内两轮乳黄色；雄蕊长约 2 cm，花丝深红色。聚合果圆柱状长圆形，长 12～20 cm，直径约 8 cm，紫红色。花期 6～7 月；果期 9～10 月。

　　原产于日本北海道。我国东北、山东青岛等地有栽培。

　　花大而美丽、芳香，为著名的庭园观赏树种；树皮可入药；木材细致、轻软，可作为建筑、家具、乐器、板料等用材。

树形

树 形

叶 枝

厚朴

Magnolia officinalis Rehd. et Wils.

　　木兰科木兰属落叶乔木，高 15～20 m；树皮厚，紫褐色。幼枝淡黄色。叶簇生于枝顶端，革质，叶片倒卵形或椭圆状倒卵形，长 20～45 cm，宽 10～24 cm，先端圆或短尖，基部楔形或圆形，全缘；叶柄长 2.5～4.5 cm。花两性，白色，芳香，直径约 15 cm；花被片 9～12(17)，肉质，外轮 3 片淡绿色，内两轮倒卵状匙形；雄蕊多数，花丝红色；雌蕊群长圆状卵形。聚合果长圆状卵形，长 9～15 cm；蓇葖果具长 2～3 mm 的喙；种子三角状倒卵形。花期 5～6 月；果期 8～10 月。

　　主要产于长江流域。喜温凉湿润气候，喜排水良好的酸性土壤。

　　叶大荫浓，花大而美丽、芳香，可作为园林观赏树种；树皮、根皮、花、种子和芽可入药；木材轻软，结构细，可作为家具、雕刻等用材。

林地景观

树形

凹叶厚朴

Magnolia officinalis Rehd. et Wils. subsp. *biloba* (Rehd. et Wils.) Law

　　木兰科木兰属落叶乔木，为厚朴的亚种。树高达 20 m；树皮厚，灰色，不开裂。小枝粗壮，淡黄色或灰黄色，幼时有绢毛。叶大，近革质，7～9 枚集生于枝顶，叶片长圆状倒卵形，长 22～46 cm，宽 15～24 cm，先端凹缺，成 2 钝圆的浅裂片，但幼苗的叶先端钝圆，并不凹缺，基部楔形，表面绿色，无毛，背面灰绿色，被灰色柔毛，有明显白粉；叶柄粗壮。花两性，单生于枝顶，花白色，直径 10～15 cm，芳香。聚合蓇葖果基部较窄。花期 4～5 月；果期 10 月。

　　产于福建、浙江、安徽、江西、湖南、广东、广西等地；生于海拔 300～1400 m 地带，多栽培于山麓和村舍附近。

　　叶大荫浓，花大而美丽，可作为观赏树种；木材材质好，可作为建筑、家具用材；花、芽、种子、树皮均可入药。

叶枝

花枝

二乔玉兰 *Magnolia soulangeana* Soul. -Bod.

本种是玉兰与紫玉兰的杂交种。木兰科木兰属落叶小乔木，高6～10 m。小枝紫褐色。叶互生，叶片倒卵形，长6～15 cm，宽4～7.5 cm，先端短急尖，基部楔形，表面中脉基部常有毛，背面被柔毛，侧脉7～9对；叶柄长1～1.5 cm。花两性，先叶开放，紫色或红色，钟状，直径约10 cm；花被片6～9，外轮3片较短，萼片状，绿色；内两轮长倒卵形，长7～9 cm，外面淡紫红色，内面为白色；雄蕊长10～12 mm；雌蕊圆柱形，长约1.5 cm。聚合果长约8 cm，直径约3 cm；蓇葖果卵形或倒卵形；种子褐色，微扁。花期3～4月；果期9～10月。

河北、河南、山东、南京、上海、杭州等地有栽培。喜光，耐旱，较玉兰、紫玉兰更耐寒。

花大而色艳，为优良观赏树种。

树形

树形

花枝

叶枝

孤植景观

叶 枝

树 皮

宝华玉兰

Magnolia zenii Cheng

木兰科木兰属落叶乔木，高达 11 m，胸径达 30 cm；树干灰色或淡灰色，平滑。当年生小枝绿黄色，2 年生枝呈紫色。叶互生，倒卵状长圆形，长 7～16 cm，宽 3～7 cm，先端急尖或尾状渐尖，基部宽楔形或圆形，表面暗绿色无毛，背面沿叶脉有弯曲长毛，侧脉每边 8～12 条；叶柄长 6～18 mm。花两性，先叶开放，芳香，花被片 9，近匙形，长 5～6 cm，先端钝或急尖；不同单株花色有变异，花被片外面自近中部以下紫红色，中部淡紫红色，上部白色；雄蕊多数，花丝紫色；雌蕊群圆柱形，长约 2 cm，直径 2～3 cm，木质。聚合果圆筒形，长 5～7 cm；种子宽倒卵圆形，长宽均 1 cm。花期 3 月中旬；果熟期 9 月中旬。

仅产于江苏句容宝华山；生于海拔 220 m 的北坡小丘陵地带。

属于国家一级保护植物。树干挺拔，花大而艳丽、芳香，是珍贵的园林观赏树木。

树 形

叶 枝

树 形

花 枝

树 皮

木莲

Manglietia fordiana Oliv.

　　木兰科木莲属常绿乔木，高达 20 m。嫩枝及芽有红褐色毛，后脱落。叶互生，革质，狭椭圆状倒卵形或倒披针形，长 8～17 cm，宽 2.5～5.5 cm，先端短急尖，基部楔形，背面疏生红褐色短毛，侧脉每边 8～12 条；叶柄长 1～3 cm；托叶痕半椭圆形。花两性；总花梗长 6～11 mm；花被片 9，纯白色，每轮 3 片，外轮 3 片近革质，长椭圆形，长 6～7 cm，内 2 轮的稍小，常肉质；雄蕊长约 1 cm；雌蕊群长约 1.5 cm，具 20～30 枚心皮，每心皮具胚珠 8～10。聚合果褐色，卵球形，长 2～5 cm；种子红色。花期 5 月；果熟期 10 月。

　　产于福建、广东、广西、贵州、云南；生于海拔 1200 m 的花岗岩、沙质岩山地丘陵。

　　木材可作为板料、细木工用材；果及树皮可入药。

海南木莲

Manglietia hainanensis Dandy

　　木兰科木莲属常绿乔木，高达 20 m，胸径约 45 cm；树皮淡灰褐色。叶互生，薄革质，倒卵形、狭倒卵形、狭椭圆状倒卵形，长 10～20 cm，宽 3～7 cm，边缘波状起伏，先端急尖或渐尖，基部楔形，表面深绿色，背面较淡，疏生红褐色平伏微毛，侧脉每边 12～16 条；叶柄长 3～5 cm；托叶痕半圆形。花两性；花梗长 0.8～4 cm；佛焰苞状苞片，薄革质，阔圆形；花被片 9，每轮 3 片，外轮薄革质，倒卵形，外面绿色，长 5～6 cm，宽 3.5～4 cm，内 2 轮纯白色，带肉质，倒卵形；雄蕊群红色，雄蕊长约 1 cm；雌蕊群长 1.5～2 cm，具 18～20 枚心皮；每心皮具胚珠 8～10。聚合果褐色，卵圆形或椭圆状卵圆形，长 5～6 cm；种子红色。花期 4～5 月；果熟期 9～10 月。

　　海南定安、琼中、陵水、保亭、崖县、乐东、东方等地特产；生于海拔 300～1200 m 的溪边、密林中。

　　材质坚硬，可作为水箱、高级家具、乐器、工艺品用材，被列为一类木材。

叶 枝

果 枝

树 形

树 皮

叶 枝

花 枝

树 形

四川木莲
Manglietia szechuanica Hu

　　木兰科木莲属常绿乔木，高达 20 m，胸径约 60 cm。嫩枝绿色，密被长柔毛，后渐脱落，老枝灰黄色。叶互生，革质，倒披针形或倒卵形，长 11～20 cm，宽 3～6 cm，先端渐尖或短尾尖，1/3 以下渐狭至基部，楔形，表面深绿色，背面淡绿色，被淡褐色短毛；中脉被白色长毛，侧脉每边 13～16 条；叶柄长 15～25 mm；托叶痕长 4～9 mm。花两性；花被片 9，紫红色，每轮 3 片，外轮 3 片倒卵形，长 5.5～6.5 cm，宽约 3 cm，浅绿色而常紫色，中内 2 轮紫红色；雄蕊长 1～2 cm；雌蕊群卵状椭圆形，长 2～2.5 cm。聚合果卵球形，长 8～10 cm。花期 4～5 月；果熟期 8～9 月。

　　产于四川峨眉、峨边、马边、沐川、屏山、雷波；生于海拔 1300～2000 m 的林中。

　　为我国特有树种。树姿雄伟，枝繁叶茂，花大而美丽、芳香，可于园林中栽培供观赏；木材可作为家具、室内装饰等用材。

叶 枝

苦梓含笑
Michelia balansae (A. DC.) Dandy

　　木兰科含笑属常绿乔木，高达 18 m，胸径约 60 cm；树皮平滑，灰色或灰褐色。芽、幼枝、叶柄、叶背面、花蕾及花梗均被褐色绒毛。叶互生，厚革质，长圆状椭圆形或倒卵状椭圆形，长 11 ～ 20(28) cm，宽 5 ～ 10(12) cm，先端短尖，基部宽楔形，表面无毛，背面被褐色绒毛，侧脉每边 12 ～ 15 对；叶柄长 1.5 ～ 4 cm。花两性，芳香；花被片 6，2 轮，白色带淡绿色，倒卵状椭圆形，长 3.5 ～ 7.5 cm，宽 1.3 ～ 1.5 cm，内轮较小，倒披针形；雄蕊长 1 ～ 1.5 cm；雌蕊群卵圆形，柄长 4 ～ 6 mm，被黄褐色绒毛。聚合果长 7 ～ 12 cm；种子近椭圆形，外种皮红色，内种皮褐色。花期 4 ～ 7 月；果熟期 8 ～ 10 月。

　　产于福建南部、广东南部、海南、广西南部及云南东南部；生于海拔 350 ～ 1000 m 的山坡、溪边、山谷密林中。

　　木材优良，为珍贵家具、室内装饰用材。

树 皮

树 形

树形

乐昌含笑

Michelia chapensis Dandy

木兰科含笑属常绿乔木，高 15 ～ 30 m，胸径约 1 m；树皮灰色至深灰色。小枝无毛或嫩时节上被灰色微柔毛。叶互生，薄革质，倒卵形、狭倒卵形或长圆状倒卵形，长 6.5 ～ 16 cm，宽 3.5 ～ 7 cm，先端骤狭为短渐尖，基部楔形或阔楔形，表面深绿色有光泽，侧脉每边 9 ～ 12(15) 条；叶柄长 1.5 ～ 2.5 cm。花两性，芳香；花被片淡黄色，6 片，2 轮，外轮倒卵状椭圆形，长约 3 cm，宽约 1.5 cm，内轮较狭；雄蕊长 1.7 ～ 2 cm；雌蕊群狭圆柱形，长约 1.5 cm，柄长约 7 mm，密被银灰色平伏微柔毛。聚合果，长约 10 cm；种子红色，卵形或长圆状卵圆形。花期 3 ～ 4 月；果熟期 8 ～ 9 月。

产于江西南部、湖南西部及南部、广东西部及北部、广西东北部及东南部；生于海拔 500 ～ 1500 m 的山地林间。

树干挺拔，树荫浓密，是优良的行道树；材质优良，作为家具、建筑用材。

叶枝

树皮

叶 枝

树 皮

台湾含笑

Michelia compressa (Maxim.) Sarg.

　　木兰科含笑属常绿乔木,高达17 m,胸径约1 m;树皮灰褐色,平滑。腋芽、嫩枝、叶柄及叶两面中脉被褐色平伏短毛。叶互生,薄革质,倒卵状椭圆形或狭椭圆形,长5～7 cm,宽2～3 cm,先端急短尖,侧脉每边8～12条;叶柄长0.8～1.2 cm。花两性;花被片12,淡黄白色,近基部带淡红色,狭倒卵形,长12～15 mm,宽3～5 mm;雄蕊约45,长5～6 mm;雌蕊群长约4 mm,柄长约3 mm,被金黄色细毛。聚合果,长3～5 cm;每心皮有种子2～4,粉红色。花期1月;果熟期10～11月。

　　产于台湾;生于海拔200～2600 m的阔叶林中。

　　为我国台湾主要用材树种之一。材质坚硬,纹理直,结构细,不开裂,可作为建筑、造船、车辆、农具、雕刻等用材。

树 形

叶 枝

树 皮

树 形

醉香含笑

Michelia macclurei Dandy

木兰科含笑属常绿乔木，高达 30 m，胸径约 1 m；树皮灰白色。芽、幼枝均被平伏短绒毛。叶革质，单叶，互生，倒卵形、倒卵状椭圆形或长圆状椭圆形，长 7 ～ 14 cm，宽 3 ～ 7 cm，先端短尖或渐尖，基部楔形或宽楔形；侧脉每边 10 ～ 15 对；叶柄长 2.5 ～ 4 cm。花两性，单生于叶腋；花被片 9 ～ 12，白色，芳香，匙状倒卵形或披针形，长 3.5 ～ 4.5 cm，内轮的较窄小；雄蕊长 2 ～ 2.5 cm；雌蕊群长约 2 cm。聚合果长 3 ～ 7 cm；蓇葖果长圆形、倒卵状长圆形或倒卵形，长 1 ～ 3 cm。花期 3 ～ 4 月；果期 9 ～ 11 月。

产于广东、海南、广西等地；多生于海拔 500 ～ 600 m 以下山谷地带。喜温暖湿润气候及深厚的酸性土壤。

枝叶茂密，花有香气，可作为园林绿化树种；木材结构细，少开裂，可作为建筑、家具、装饰用材。

叶 枝

峨眉拟单性木兰

Parakmeria omeiensis Cheng

木兰科拟单性木兰属常绿乔木，高达25 m，胸径约40 cm；树皮深灰色。小枝光滑。叶互生，革质，椭圆形、狭椭圆形或倒卵状椭圆形，长8～12 cm，宽2.5～4.5 cm，先端短渐尖而尖头钝，基部楔形，表面深绿色，有光泽，背面淡灰绿色，有腺点，侧脉每边8～10条；叶柄长1.5～2 cm。雄花及两性花异株；雄花花被片12，外轮3片，浅黄色，较薄，长圆形，先端圆或钝圆，长3～3.8 cm，宽1～1.4 cm，内3轮较狭小，乳白色，肉质，倒卵状匙形，雄蕊约30，长2～2.2 cm；两性花花被片与雄蕊同，雄蕊16～18，雌蕊群椭圆体形，长约1 cm，具雌蕊8～12。聚合果倒卵形，长3～4 cm；种子外种皮红褐色。花期5月；果熟期9月。

产于四川峨眉山；生于海拔1200～1300 m林中。

为我国特有树种，属于国家一级保护植物。材质较好，可作为家具、建筑装饰等用材。

树 皮

树 形

树 形

蜡梅科
CALYCANTHACEAE

亮叶蜡梅

Chimonanthus nitens Oliv.

　　蜡梅科蜡梅属常绿灌木，高1.5～2.5m。单叶对生，革质，椭圆状披针形，长5～11cm，先端窄长细渐尖或尾尖状，基部楔形，表面光亮，背面有白粉，灰绿色，无毛。花两性，单生于叶腋，直径约1cm，花被片20～24，淡黄色，最内花被片宽卵状披针形，一侧有稀疏锯齿或菱形。果托坛状、钟形，先端收缩，长2～4cm，外被褐色短柔毛。瘦果长1～1.3cm。花期10月至翌年1月。

　　产于湖北宜昌及广西等地。

　　枝叶繁茂，四季常绿，带浓厚香味，常作为园林观赏树种。

叶 枝

植株

美国夏蜡梅

Calycanthus floridus L.

蜡梅科夏蜡梅属落叶灌木，丛生，株高 2～3 m。叶对生，叶片椭圆形或卵圆形，长达 13 cm，叶面有光泽或稍粗糙，浓绿，背面密被柔毛。花两性，单花顶生；花直径 5 cm 左右，花筒在口部收缩，芳香，花瓣细长，红褐色，有甜香的味道。聚合瘦果，生于杯状果托内。花期 4～6 月；果熟期 9～10 月。

原产于美国的东南部。我国江苏南京、上海、江西庐山、北京等地有引种栽培。喜温暖湿润的环境，在充足而柔和的阳光下生长良好，但怕烈日暴晒，耐寒冷。

红褐色花朵朴素大方，晚秋叶色金黄，非常美丽，是优良的花灌木，宜种植于庭院、假山旁、园林中大树下；还可盆栽供观赏。

花枝

番荔枝科
ANNONACEAE

刺果番荔枝 *Annona muricata* L.

番荔枝科番荔枝属常绿乔木,高达8 m;树皮粗糙。叶互生,纸质,倒卵状矩圆形至椭圆形,长5～18 cm,宽2～7 cm,顶端急尖或钝,基部宽楔形或圆形,叶面翠绿色而有光泽,叶背浅绿色;侧脉每边8～13条。花两性,淡黄色;花瓣6,2轮,外轮花瓣厚,阔三角形,长达5 cm,内轮花瓣薄些,卵状椭圆形,长达3.5 cm,基部具柄;雄蕊长约4 mm;心皮长4～7 mm,被白色绢质柔毛。聚合浆果,卵圆形,长10～35 cm,直径7～15 cm,深绿色,幼时有下弯的刺,刺后脱落而残存有小突体;种子多枚,肾形。花期4～7月;果期7月至翌年3月。

原产于美洲热带地区。我国台湾、广东、广西和云南等地有栽培。

果实硕大,有甜味,可食用;木材耐腐,可作为造船材料;是紫胶虫的寄主树。

果 枝

叶 枝

树 形

树 皮

叶枝

圆滑番荔枝 *Annona glabra* L.

番荔枝科番荔枝属常绿乔木，高达 10 m。枝条有皮孔。叶互生，纸质，卵圆形至长圆形或椭圆形，长 6～18 cm，宽 4～8 cm，顶端急尖或钝，基部圆形，无毛，叶面有光泽；侧脉每边 7～9 条。花两性，淡黄色，有香气；花蕾卵圆形或近球形；花瓣 6，2 轮，外轮花瓣白黄色或绿黄色，长 2～3.5 cm，顶端钝，内面近基部有红斑，内轮花瓣较外轮花瓣短而狭，外面黄白色或浅绿色，顶端急尖，内面基部红色。聚合浆果牛心状，长 8～10 cm，直径 6～7.5 cm，平滑无毛，初时绿色，成熟时淡黄色。花期 5～6 月；果期 8 月。

原产于美洲热带地区。我国广东、广西、云南、浙江和台湾等地有栽培。

木材黄褐色，较轻，可用于制作渔网浮子和瓶塞等；果可食。

果枝

树形

树皮

叶枝

树皮

银钩花

Mitrephora thorelii Pierre

番荔枝科银钩花属常绿乔木，高达
25 m，胸径约50 cm；树皮灰黑色至深
灰黑色。叶互生，近革质，卵形或长圆
状椭圆形，长达15 cm，宽7～11 cm，
顶端短渐尖，基部圆形，叶面除中脉外
无毛，有光泽，叶背被锈色长柔毛；
侧脉每边8～14条；叶柄粗壮，长约
7 mm。花两性，淡黄色，单生或数朵
组成总状花序，腋生或与叶对生；花梗、
萼片、花瓣均被锈色柔毛；萼片三角形；
花瓣6，2轮，外轮花瓣卵形，内轮花
瓣菱形；雄蕊楔形；心皮被毛，花柱圆
柱状，每心皮有胚珠8～10。聚合浆果，
卵状或近圆球状，长1.6～2 cm，直
径1.4～1.6 cm，密被褐色绒毛。花
期3～4月；果期5～8月。

产于广东、海南和云南南部；生于
山地密林中。

木材坚硬，可作为建筑材料。

树形

肉豆蔻科
MYRISTICACEAE

肉豆蔻
Myristica fragrans Houtt.

　　肉豆蔻科肉豆蔻属常绿小乔木。幼枝细长。单叶互生，叶近革质，椭圆形或椭圆状披针形，先端短渐尖，基部宽楔形或近圆形；侧脉 8～10 对；叶柄长 7～10 mm。总状花序腋生；花小，雌雄异株；雄花序长 1～3 cm，着花 3～20 朵，小花长 4～5 mm，花药 9～12，线形；雌花序较雄花序为长，总梗粗壮，着花 1～2 朵，花长约 6 mm，小苞片着生在花被基部，子房椭圆形，柱头先端 2 裂。浆果肉质，通常单生；假种皮红色，至基部撕裂；种子卵珠形。雌雄花全年都可开放，但盛花期集中在夏秋季，从开花到果熟一般需 10 个月以上。

　　原产于马鲁古群岛，热带地区广泛栽培，尤盛产于印度尼西亚和马来半岛。我国台湾、广东、云南等地有引种栽培。

　　为热带著名的香料和药用树种。

树形

树皮

叶枝

叶 枝

樟科 LAURACEAE

峨眉黄肉楠

Actinodaphne omeiensis (Liou) Allen

　　樟科黄肉楠属常绿灌木或小乔木，高 3～5 m。小枝紫褐色，粗壮。叶通常 4～6 片簇生于枝端或分枝处成轮生状，披针形至椭圆形，长 12～27 cm，宽 2～6 cm，顶端渐尖，基部楔形，革质，表面深绿色，具光泽，背面灰绿色，苍白；侧脉每边 12～15 条；叶柄长 11～30 mm。花单性，雌雄异株；伞形花序单生或 2 个簇生于枝侧或叶腋，无总梗；苞片外面被金黄色丝状柔毛；每一花序有花 7～8 朵；花被裂片 6，阔卵形或椭圆形，淡黄色至黄绿色；雄花较雌花大，能育雄蕊 9～12，退化雌蕊细小；雌花子房倒卵形，花柱肥大，柱头头状，2 浅裂。浆果状核果，果托浅盘状，直径约 8 mm；果梗长约8 mm。花期 2～3 月；果期 8～9 月。

　　产于四川、贵州梵净山；常生于海拔 500～1700 m 的山谷、路旁灌丛及杂木林中。

　　木材结构细，坚实，材质优良，为建筑、家具及工业用材；树皮与叶可入药。

树 形

少花桂

Cinnamomum pauciflorum Nees

　　樟科樟属常绿乔木，高 3～14 m，胸径达 30 cm；树皮黄褐色，具白色皮孔，有香气。枝条近圆柱形，具纵向细条纹。叶互生，卵圆形或卵圆状披针形，长 (3～5)6.5～10.5 cm，宽 (1.2)2.5～5 cm，先端短渐尖，基部宽楔形至近圆形，边缘内卷，厚革质，表面绿色，背面粉绿色，三出脉或离基三出脉；叶柄长达 12 mm。花两性；圆锥花序腋生，常呈伞房状，长 2.5～5(6.5) cm；花黄白色，花被筒倒锥形，花被裂片 6；能育雄蕊 9；退化雄蕊 3；子房卵球形，花柱弯曲，柱头盘状。浆果状核果椭圆形，长约 11 mm，直径 5～5.5 mm，成熟时紫黑色；果托浅杯状。花期 3～8 月；果期 9～10 月。

　　产于湖南西部、湖北、四川东部、云南东北部、贵州、广西及广东北部；生于海拔 400～1800 m 的石灰岩、砂岩山地、山谷疏林或密林中。

　　树皮与根可入药。

树形

树皮

树形

天竺桂

Cinnamomum japonicum
Sieb.

　樟科樟属常绿乔木，高 10～15 m，胸径 30～35 cm。枝条细弱，圆柱形，红色或红褐色，具香气。叶近对生或在枝条上部互生，卵圆状长圆形至长圆状披针形，长 7～10 cm，宽 3～3.5 cm，先端锐尖至渐尖，革质，表面绿色，光亮，背面灰绿色，离基三出脉；叶柄粗壮，腹凹背凸，红褐色。花两性；圆锥花序腋生，长 3～10 cm；花黄色，花被筒倒锥形，花被裂片 6，卵圆形；能育雄蕊 9，内藏，退化雄蕊 3；子房卵珠形，花柱稍长于子房，柱头盘状。浆果状核果，长圆形，长约 7 mm，宽达 5 mm；果托浅杯状。花期 4～5 月；果期 7～9 月。

　产于江苏、浙江、安徽、江西、福建及台湾等地；生于海拔 300～1000 m 以下低山或近海的常绿阔叶林中。

　枝叶及树皮可提取芳香油、各种香精及香料；果核含脂肪，供制肥皂及润滑油；木材坚硬耐用，耐水湿，可作为建筑、造船、桥梁、车辆及家具等用材。

叶枝

树皮

月桂 *Laurus nobilis* L.

　　樟科月桂属常绿小乔木，高达 12 m；树皮黑褐色。小枝具纵条纹，幼时略被微柔毛。叶互生，叶片长圆形或长圆状披针形，长 5.5～12 cm，宽 1.8～3.2 cm，先端尖或渐尖，基部楔形，边缘细波状，无毛，侧脉 10～12 对，网脉明显。花单性，雌雄异株，伞形花序腋生，花小，黄色。浆果卵形，熟时暗紫色。花期 3～5月；果期 6～9 月。

　　原产于地中海沿岸地区。我国浙江、江苏、福建、台湾、四川及云南等地有栽培。喜光，喜温暖湿润气候，稍耐阴，不耐寒；对土壤要求不严，耐干旱。

　　树冠圆整，枝叶繁茂，四季常青，春天黄花缀满枝头，颇为美观，是优良的庭园绿化和绿篱树种，也可盆栽供观赏；叶、果可提取芳香油；叶片可作为罐头矫味剂。

树形

叶枝

植 株

乌药

Lindera aggregata (Sims) Kosterm.

樟科山胡椒属常绿灌木或小乔木，高达 5 m，胸径约 4 cm；树皮灰褐色。根有纺锤状或结节状膨胀，表面棕黄色至棕黑色。小枝绿色，有细纵纹，密被金黄色卷毛，后渐脱落。叶互生，革质，卵形、卵圆形或近圆形，长 2.7～7 cm，宽 1.5～4 cm，先端长渐尖或尾尖，基部圆形，背面灰白色，密被淡黄棕色柔毛，后渐稀疏，三出脉；叶柄长 4～10 mm。花单性，雌雄异株，黄色或黄绿色；伞形花序 6～8 个集生于叶腋；每一花序有 7 朵花；花被片 6；雄花有雄蕊 9；雌花花被片长约 2.5 mm，子房椭圆形，被褐色短柔毛，柱头头状。浆果卵形，熟时黑色。花期 3～4 月；果期 10～11 月。

产于江西、福建、安徽、湖南、广东、广西、陕西、台湾等地；生于海拔 200～1000 m 向阳坡地、山谷或疏林灌丛中。

根含乌药碱、乌药素及乌药醇，可入药；果实、根、叶均可提芳香油，可制香皂；根、种子磨粉可杀虫。

叶 枝

林地景观

叶 枝

香叶树

Lindera communis Hemsl.

　　樟科山胡椒属常绿乔木，高达
13 m，胸径约 36 cm；树皮灰色或淡灰
色。小枝细，绿褐色，被黄白色柔毛。
叶互生，革质，叶片椭圆形、卵形或宽
卵形，长 3～12.5 cm，宽 1～4.5 cm，
先端尖、短渐尖或尾尖，基部宽楔
形或近圆形，侧脉 5～7 对；叶柄长
5～8 mm。花单性，雌雄异株；伞形
花序有花 5～8 朵，单生或成对生于叶
腋；雄花黄色，直径达 4 mm，花被片 6，
雄蕊 9；雌花黄色或黄白色，花被片 6，
卵形，子房椭圆形，长约 1.5 mm，花
柱长约 2 mm，柱头盾形，具乳突。浆
果卵形，长约 1 cm，宽 7～8 mm，成
熟时红色。花期 3～4 月；果期 9～10 月。

　　产于陕西、甘肃、湖南、湖北、江西、
浙江、福建、台湾、广东、广西、云南、
贵州、四川等地；常见于干燥沙质土壤上，
散生或混生于常绿阔叶林中。

　　木材结构致密，供制作家具等用；
种子含油率高，可供制肥皂、润滑油或
医药用；果可提取芳香油；叶、茎皮可
入药。

形

花序枝

山胡椒

Lindera glauca (Sieb. et Zucc.) Blume

樟科山胡椒属落叶小乔木，高达8m；树皮灰色或灰白色，平滑。小枝灰白色，幼时被毛。叶互生，纸质，宽卵形、椭圆形或倒卵形，长4～9cm，宽2～4cm，先端尖，基部楔形，背面粉绿色，被灰白色柔毛，侧脉4～6对；叶柄长3～6mm。花单性，雌雄异株；伞形花序腋生；每总苞有3～8朵花；花被片6；雄花花被黄色，椭圆形，雄蕊9；雌花花被片黄色，椭圆形或倒卵形，子房椭圆形，长约1.5mm，花柱长约0.3mm，柱头盘状。浆果球形，熟时黑褐色，果梗长1～1.5cm。花期3～4月；果期7～8月。

产于山东、江苏、安徽、浙江、福建、广西、贵州、湖北、湖南、四川、甘肃、陕西及河南等地；生于海拔900m以下山坡及林缘。

木材可做家具；叶及果可提取芳香油；种仁油含月桂酸，可制作肥皂及润滑油；根、枝、叶及果可入药。

树形

叶枝

黑壳楠

Lindera megaphylla Hemsl.

　　樟科山胡椒属常绿乔木，高达 25 m，胸径约 60 cm；树皮灰黑色。小枝较粗，皮孔近圆形，突起。叶互生，革质，集生于枝顶，披针形或卵状长椭圆形，长 10～23 cm，宽 4～7.5 cm，先端尖或渐尖，基部楔形，背面灰白色，侧脉 15～21 对；叶柄长 1.5～3 cm。花单性，雌雄异株；伞形花序常成对生于叶腋；每花序有 9～16 朵花，花梗和花被管密生白色或黄褐色绒毛；花被片 6；能育雄蕊 9；子房卵形，花柱较长，柱头头状。浆果椭圆形或卵形，熟时黑色；果托浅杯状。花期 3～4 月；果期 9～10 月。

　　产于云南、贵州、四川、湖北、湖南、江西、福建、台湾、广东、广西、安徽和陕西等地。喜温暖湿润气候。

　　种仁含油率近 50%，为制作香皂的极佳原料；果皮和叶含芳香油；木材可作为家具和一般建筑用材。

树形

树皮

叶枝

叶 枝

树 皮

红脉钓樟

Lindera rubronervia Gamble

　　樟科山胡椒属落叶小乔木,高达5m;树皮黑灰色。小枝平滑。叶互生,纸质,卵状椭圆形或卵状披针形,长4～8cm,宽2～4cm,先端渐尖,基部楔形,表面沿中脉疏生短柔毛,背面淡绿色,被柔毛,离基三出脉,侧脉3～4对;叶柄长0.5～1cm,叶柄、叶脉秋后变红色。花单性,雌雄异株;伞形花序常成对腋生;每一花序有5～8朵花;雄花花被筒被柔毛,花被片6,能育雄蕊9;雌花花被筒密被白柔毛,花被片椭圆形,雌蕊长约2mm,子房卵形,花柱长约0.8mm,柱头盘状。浆果近球形,熟时紫黑色。花期3～4月;果期8～9月。

　　产于河南、安徽、江苏、浙江、江西等地;生于山林下、溪边或山谷中。

　　叶和果皮可提取芳香油。

树 形

树形

豹皮樟

***Litsea coreana* Lévl. var. *sinensis* (Allen) Yang et P. H. Huang**

樟科木姜子属常绿乔木，高达 16 m，胸径约 27 cm；树皮灰白色，有斑纹，呈块状剥落。叶互生，革质，长圆形或披针形，长 5～8 cm，宽 1.7～2.8 cm；叶柄上有毛，长 0.5～1 cm，叶柄、叶脉秋后变红色。花单性，雌雄异株；伞形花序腋生；花梗粗，密生长柔毛，花被片 6，能育雄蕊 9；雌花子房近球形，花柱有稀疏柔毛，柱头 2 裂。核果球形或近球形，果初时红色，熟时呈黑色。花期 8～9 月；果期翌年 5 月。

产于江苏、浙江、安徽、江西、福建、河南、湖北等地；生于海拔 900 m 以下的山地杂木林或林缘及旷野、沟边。

木材结构细密，有香气，纹理美观，可作为家具、工艺品等优良用材；根及茎皮可入药。

叶枝

树皮

利川润楠

Machilus lichuanensis Cheng

樟科润楠属常绿大乔木，高达 32 m。枝紫褐色或紫黑色。嫩枝、叶柄、叶背面、花序密被淡棕色柔毛。叶互生，革质，椭圆形或窄倒卵形，长 7.5～11(15) cm，宽 2～4(5) cm，先端短渐尖，基部楔形，侧脉 8～10 对；叶柄细，长 1～1.3(2) cm。花两性；聚伞状圆锥花序生于当年生枝下端，长 4～10 cm；花被裂片 6，2 轮，等长；能育雄蕊 9；子房无柄，柱头小。浆果扁球形。花期 5 月；果期 9 月。

产于湖北西部、贵州北部；生于海拔约 800 m 的开阔山丘、山坡、阔叶混交林中或山崖边。

树干挺直，具广阔的伞状树冠，可作为庭园观赏树种；木材细致，芳香，可作为建筑、家具及室内装饰用材。

花序枝

叶枝

树形

树皮

叶 枝

树 皮

果 枝

柳叶润楠

Machilus salicina Hance

　　樟科润楠属常绿小乔木，高达 5 m。小枝无毛。叶互生，革质，条状披针形或窄披针形，长 7～12(14.5) cm，宽 1.3～2.5(3.2) cm，先端渐尖，基部楔形，表面无毛，背面粉绿色，无毛，侧脉 6～8(11) 对；叶柄长 0.7～1.5 cm。花两性；聚伞状圆锥花序多数，生于新枝上端；花黄色或淡黄色；花被裂片长圆形；雄蕊花丝被柔毛；子房近球形，花柱纤细，柱头偏头状。浆果球形，熟时紫黑色；果梗红色。花期 2～3 月；果期 4～6 月。

　　产于广东、海南、广西、贵州南部、云南南部；常生于低海拔地带的溪畔、河边，适生于水边。

　　枝茂叶密，可作为护岸防堤树种。

树 形

树 皮

叶 枝

鸭公树 *Neolitsea chuii* Merr.

樟科新木姜子属常绿乔木，高达 18 m，胸径约 40 cm；树皮灰青色或灰褐色。小枝绿黄色。叶互生或集生于枝顶成轮生状，革质，椭圆形、长圆状椭圆形或卵状椭圆形，长 8～16 cm，宽 2.7～9 cm，先端渐尖，基部楔形，表面有光泽，背面粉绿色，离基三出脉，侧脉 3～5 对；叶柄长 2～4 cm。雌雄异株；伞形花序簇生于叶腋；苞片多数；雄花花被片 4，具能育雄蕊 6；雌花花被片 4，矩圆形，有退化雄蕊 6，子房卵形，无毛。浆果椭圆形或近球形。花期 9～10 月；果期 12 月。

产于广东、广西、福建、湖南、云南和江西等地；生于海拔 500～1400 m 的山地疏林中。

种仁含油率 60% 左右，可供制作润滑油和肥皂等。

树 形

树形

鳄梨

Persea americana Mill.

　　樟科鳄梨属常绿乔木，高达10 m；树皮灰绿色，纵裂。单叶互生，革质，叶片长椭圆形、椭圆形、卵形或倒卵形，长8～20 cm，宽5～12 cm，先端尖，基部楔形或近楔形，表面绿色，背面稍苍白色，侧脉5～7对，下面甚凸起；叶柄长2～5 cm。花两性；聚伞花序长8～14 cm，总梗长4.5～7 cm；花淡绿色带黄色，长5～6 mm；花被裂片长圆形。浆果梨形，肉质，长8～18 cm，黄绿色或红棕色。花期3～5月；果期8～9月。

　　原产于美洲热带地区。我国广东广州、汕头，海南，福建福州、漳州，台湾，云南西双版纳及四川西昌等地有栽培。

　　果实营养价值很高，含多种维生素、丰富的脂肪和蛋白质，可食用；种子含脂肪油，可作为饮食、医药和化妆工业原料。

叶

树皮

浙江楠 *Phoebe chekiangensis* C. B. Shang

　　樟科楠属常绿乔木，高达20 m，胸径约50 cm；树皮淡褐黄色，薄片状脱落。小枝有棱脊，密被黄褐色或灰黑色柔毛或绒毛。叶互生，革质，倒卵状椭圆形或倒卵状披针形，长7～17 cm，宽3～7 cm，先端突渐尖或长渐尖，基部楔形或近圆形，表面幼时有毛，背面被灰褐色柔毛，侧脉8～10对；叶柄长1～1.5 cm。花两性；聚伞状圆锥花序；花被片6，发育雄蕊9，3轮；子房卵形，无毛，花柱细，柱头盘状。浆果椭圆状卵形，长1.2～1.5 cm，熟时外被白粉。花期4～5月；果期9～10月。

　　产于浙江西北部及东北部、福建北部、江西东部；生于山地阔叶林中。

　　树身高大，雄伟壮观，叶四季青翠，可作为绿化树种；树干通直，材质坚硬，可作为建筑、家具等用材。

树形

花序枝

林地景观

叶枝

树皮

叶 枝

树 形

竹叶楠
Phoebe faberi (Hemsl.) Chun

樟科楠属常绿乔木，高达 15 m。小枝粗，无毛。叶互生，厚革质，长圆状披针形或窄椭圆形，长 7～12(15) cm，宽 2～4.5 cm，先端钝、短尖或短渐尖，基部楔形或圆钝，通常歪斜，表面无毛，背面带苍白色，侧脉 12～15 对；叶柄长 1～2.5 cm。花两性；腋生聚伞状圆锥花序集生于枝端，每伞形花序有花 3～5 朵；花黄绿色，花被片 6，卵圆形；发育雄蕊 9，3 轮；子房卵形，无毛，花柱纤细，柱头不明显。浆果球形，长 7～9 mm，花被片宿存。花期 4～5 月；果期 6～7 月。

产于陕西、湖北西部、贵州及云南；多见于海拔 800～1500 m 的阔叶林中。

木材可作为建筑、家具等用材。

湘楠

Phoebe hunanensis Hand.-Mazz.

　　樟科楠属常绿小乔木，高达 8 m。小枝有棱脊，无毛。叶互生，革质，倒披针形，稀倒卵状披针形，长 (7.5)10～18(23) cm，宽 3～4.5(6.5) cm，先端短渐尖，有时尖头呈镰状，基部楔形或窄楔形，表面无毛，背面无毛或有平伏短柔毛，苍白色或被白粉，侧脉 10～12 对；叶柄长 0.7～1.5(2.4) cm。花两性；花序生当年生枝上部，近总状或在上部分枝，无毛；花被片 6，有缘毛；发育雄蕊 9，3 轮；子房扁球形，无毛，柱头帽状或略扩大。浆果卵形，长 10～12 mm，直径约 7 mm；宿存花被片卵形。花期 5～6 月；果期 8～9 月。

　　产于甘肃，陕西，江西西南部，江苏，湖北，湖南中部、东南部及西部，贵州东部；生于沟谷或水边。

　　木材坚实耐腐，不翘不裂，可制作高级家具或作为室内装饰材料。

树 形

叶 枝

树 皮

红毛山楠
Phoebe hungmaoensis S. Lee

　　樟科楠属常绿乔木，高达 25 m，胸径约 1 m。小枝、幼叶、叶柄及芽均被红褐色或锈色长柔毛，小枝粗。叶互生，革质，倒披针形、倒卵状披针形或椭圆状倒披针形，长 10～15 cm，宽 2～4.5 cm，先端钝尖，基部渐窄，表面无毛或沿中脉有柔毛，背面密被柔毛，侧脉 12～14 对；叶柄长 0.8～2.7 cm。花两性；圆锥花序生于当年生枝中、下部，长 8～18 cm，被短或长柔毛；花被片 6，长圆形或椭圆状卵形，两面密被黄灰色短柔毛；能育雄蕊 9，3 轮，各轮花丝被毛；子房球形，先端有灰白色疏柔毛，花柱细，被毛，柱头不明显或略扩张。浆果椭圆形，长约 10 mm，直径 5～6 mm；宿存花被片硬革质。花期 4 月；果期 8～9 月。

　　产于广东、海南、广西南部及西南部；生于较荫蔽杂木林中。

　　木材纹理通直，结构细致，质轻，干后不易开裂，可作为家具、船板、农具等用材。

树 形

树 皮

叶 枝

花序枝

叶 枝

滇楠

Phoebe nanmu (Oliv.) Gamble

樟科楠属常绿乔木，高达30 m，胸径约1.5 m。小枝较细，密被黄褐色短柔毛，后渐脱落或疏生柔毛。叶互生，薄革质，倒卵状披针形或长圆状倒披针形，长8～18 cm，宽(2)3.5～6(10) cm，先端渐尖或短尖，基部楔形，表面无毛或沿中脉有毛，背面被黄褐色短柔毛，侧脉6～8(10) 对；叶柄长1～2(2.4) cm。花两性；圆锥花序生于新枝下部，腋生，长6～15 cm，被黄色或灰白色柔毛；花带黄色；花被片6，卵圆形，两面被柔毛或绢毛；能育雄蕊9，3轮；子房卵形，花柱无毛，柱头不明显或略明显。浆果卵形，长约9 mm，直径5～6 mm；宿存花被片变硬。花期3～5月；果期8～10月。

产于西藏东南部、云南南部至西南部；生于海拔900～1500 m的山地阔叶林中，少见。

树干高大，材质优良，为良好的建筑、家具等用材。

树 形

花序枝

树 形

叶 枝

紫楠

Phoebe sheareri (Hemsl.) Gamble

　　樟科楠属常绿乔木，高达 15 m；树皮灰褐色。小枝、叶柄及花密被黄褐色或灰黑色柔毛或绒毛。叶互生，革质，倒卵形、椭圆状倒卵形或阔倒披针形，长 8 ～ 27 cm，宽 3.5 ～ 9 cm，先端突渐尖或尾尖，基部渐窄，表面无毛或沿中脉有毛，背面密被黄褐色长柔毛，侧脉 8 ～ 13 对；叶柄长 1 ～ 2.5 cm。花两性；圆锥花序，腋生，长 7 ～ 18 cm，密被锈色绒毛；花被片 6，卵形，相等，两面有毛；能育雄蕊 9，3 轮；子房球形，无毛，花柱通常直，柱头不明显或盘状。浆果卵形，长约 10 mm，直径 5 ～ 6 mm；宿存花被片卵形，两面被毛，松散。花期 5 ～ 6 月；果期 10 ～ 11 月。

　　分布于我国长江以南和西南地区；生于海拔 1000 m 以下的阴湿山谷和杂木林中。

　　树形端正美观，叶大荫浓，宜作为园林绿化树种；木材坚硬、耐腐，为建筑、造船、家具等的极佳材料；根、枝、叶均可提炼芳香油，供医药或工业用；种子可榨油，供制作皂和润滑油用。

山柑科
CAPPARIDACEAE

鱼木

Crateva formosensis
(Jacobs) B. S. Sun

　　山柑科鱼木属落叶乔木，高达20 m；树皮灰白色；枝具显著白点。三出复叶，叶互生，小叶椭圆状披针形、斜椭圆形或倒卵状椭圆形，长8～15 cm，先端渐尖或稍尾尖，基部楔形或偏斜，侧脉4～7对；叶柄长5～14 cm。花两性或杂性；总状或伞房状花序顶生，花较大，花瓣4，叶状，黄白色或淡紫色，长约3 cm，具爪；雄蕊13～20，具细长柄。浆果球形至椭圆形，红色。花期4～6月。

　　产于台湾、广东雷州半岛及广西等地，海口、香港有栽培。喜光，喜暖热气候。

　　枝叶洁净，花大而美丽，可作为行道树和庭园观赏树；木材白色轻软，台湾渔民用此木做小鱼木模以钓乌贼，故名鱼木。

树形

树皮

花序枝

树形

刺子鱼木（沙梨木）

Crateva nurvala Buch.-Ham.

　　山柑科鱼木属落叶乔木，高达20 m，或更高。掌状复叶互生，有小叶3片；小叶革质至薄革质，叶片卵状披针形至长圆状披针形，长7～18 cm，宽3～8 cm，顶端渐尖至长渐尖；侧生小叶不对称，表面褐绿色，有光泽，背面粉灰色，侧脉10～15对；小叶柄长2～6 mm。花两性或杂性；总状花序或伞形花序顶生；萼片小，披针形；花瓣白色，长1～2 cm；雄蕊15～25；雌蕊3～6 cm。浆果椭圆形，淡黄色。花期3～5月；果期6～10月。

　　产于广东、海南、广西及云南等地；生于海拔1000 m以下溪边、湖畔或开阔地林中。

　　花、果美丽，可作为园林绿化树种；木材轻软，可作为箱板用材。

叶枝

花序枝

树皮

辣木科
MORINGACEAE

象脚树

Moringa drouhardii Jumelle

　　辣木科辣木属落叶乔木，高达 10 m，主干直立，下部肥大似象腿；树皮软木质。小枝被短柔毛。叶通常为三回羽状复叶，互生，长25～50 cm；羽片4～6 对；小叶椭圆形、宽椭圆形或卵形，长1～2 cm，宽0.7～1.4 cm，无毛。花两性，左右对称；圆锥花序腋生，长约20 cm；苞片小，钻形；花具梗，直径约2 cm，有香味，两侧对称；萼筒盆状，裂片5，狭披针形，被短柔毛，开花时向下弯曲；花瓣5，白色，生于萼筒顶部，匙形，上面1枚较小；雄蕊5，花丝下部被微柔毛，退化雄蕊无花药；子房1室，侧膜胎座3，胚珠多数。蒴果细长，长20～50 cm，3瓣裂。

　　原产于印度。我国深圳、厦门有栽培。性喜高温，耐旱。

　　树干奇特可爱，为高级园景树；种子可榨油，供制作高级润滑油。

树 形

叶 枝

树 皮

树 形

虎耳草科
SAXIFRAGACEAE

圆齿溲疏
Deutzia crenata Sieb. et Zucc.

虎耳草科溲疏属落叶灌木，高达2.5 m。小枝中空，1年生枝淡灰褐色，疏被星状毛，2年生枝无毛，枝皮略薄片状脱落。单叶对生，叶片卵形或卵状披针形，长4.5～6 cm，先端尖或渐尖，基部圆形或楔形，具圆钝的细锯齿，表面疏被星状毛。花两性；总状花序基部分枝，长4.5～7 cm，宽2.5 cm以下，被锈色星状毛；花瓣白色或外面带粉红色，长圆状卵形。蒴果近球形，先端略收缩。花期5～6月；果期8月。

原产于日本。我国华北、华东等地有栽培。

花期长，作为观赏树常与其他树种配置。

花序枝

花序枝

植 株

紫花溲疏
Deutzia purpurascens
(Franch.) Rehd.

　　虎耳草科溲疏属落叶灌木，高达 2 m。小枝紫褐色，树皮剥落。叶对生，叶片长圆状卵形或长圆状披针形，长 2～3.5 cm，先端渐尖，基部广楔形或圆形，具不整齐细锯齿，表面粗糙，疏被星状毛。花两性；伞房花序，具花 4～10 朵；花瓣直立，外面淡紫红色，内面灰白色，倒卵形或椭圆形，直径约 2 cm；花萼裂片较长。蒴果半球形。花期 5～6 月；果期 8～10 月。

　　产于四川西南部、云南西北部及西藏东南部，江苏南京有栽培。喜光，稍耐阴，喜温暖湿润气候。

　　花紫色，繁茂而美丽，可置于庭园供观赏。

植株

叶枝

果枝

植株

花序枝

溲疏 *Deutzia scabra* Thunb.

　　虎耳草科溲疏属落叶灌木，高达 2.5 m。小枝红褐色，疏生星状毛。单叶对生，叶片卵形或卵状披针形，长 7～11 cm，宽 2.5～4 cm，先端急尖或短渐尖，基部圆形或宽楔形，边缘有细锯齿，表面疏生具 5 条辐射枝的星状毛，背面星状毛较密，具 9～12 条辐射枝；叶柄长 2～2.5 mm。花两性；圆锥花序直立，长 5～12 cm，具星状毛；萼片 5 裂，萼筒长约 2 mm，外密被锈色星状毛；花瓣 5，长圆形，白色，长约 8 mm；雄蕊 10；花柱 3。蒴果球形，直径约 4 mm。花、果期 5～6 月。

　　产于长江流域各地。喜光，稍耐阴；喜温暖气候；喜富含腐殖质的微酸性和中性土壤。

　　夏季开白花，繁密而素洁，适宜庭园栽植供观赏；叶、根可入药。

叶枝

花序枝

植株

银边绣球 *Hydrangea macrophylla* 'Maculata'

虎耳草科绣球属落叶灌木，为八仙花的栽培变种，高3～4 m。小枝粗壮，无毛。单叶对生，叶片倒卵形至椭圆形，长7～20 cm，叶有不规则的乳白色边缘，有粗锯齿。顶生伞房花序近球形，直径15～20 cm，大部分为两性的可育小花，只有花萼边缘有少数大型不育花，不育花萼片4；花瓣卵形，全缘或有齿，粉红色、淡蓝色或白色；可育花花瓣早落；花柱3～4。花期6～7月。

产于长江流域及以南地区。喜阴凉、通风，忌高温和长期潮湿；喜肥沃、排水良好的土壤。

在我国南方庭园常见栽培供观赏；北方温室盆栽供观赏。

金叶山梅花

Philadelphus coronarius
'Aureus'

虎耳草科山梅花属落叶灌木，为西洋山梅花的栽培变种。树高 2～3 m。枝条对生，小枝光滑无毛。叶对生，叶片卵形或狭卵形，长达 7.5 m，缘具疏浅锯齿，整个生长季节叶色金黄。花两性，5～9 朵集成总状花序，花直径 3.5～5 cm，乳白色，芳香，黄色的雄蕊很显眼，萼外无毛。蒴果倒圆锥形、椭圆形或半球形。花期 5～6 月。

原产于欧洲南部及小亚细亚一带。我国北京、大连、上海、杭州等地有栽培。喜光，喜温暖湿润气候，较耐寒。

叶色金黄、花芳香，为优良的庭园观赏树种。

花序枝

植株

叶枝

叶 枝

植 株

花序枝

香茶藨子
Ribes odoratum Wendl.

　　虎耳草科茶藨子属落叶灌木，高达 2 m。幼枝灰褐色，无刺，具短柔毛。单叶互生，叶片卵形或圆肾形，长 3～4 cm，宽 3～5 cm，3～5 深裂，基部宽楔形、截形或近圆形，裂片全缘或有齿，表面无毛，背面被短柔毛和疏棕褐色锈斑；叶柄长 (0.5)1～2 cm。总状花序，花序轴密生毛，小花柄基部具苞叶；花两性，黄色；萼筒管状，萼裂片黄色，长圆形，长 5～6 mm；花瓣小，5 裂，浅红色，卵状长圆形；雄蕊短，着生于萼裂片上；花柱长，超出雄蕊。浆果球形或椭圆形，黄色或黑色，长 8～10 mm，无毛。花期 4 月；果期 7 月。

　　原产于美国中部。我国哈尔滨、沈阳、大连、熊岳、北京等地公园及植物园中有栽植；生于山地河流沿岸。

　　花黄色、芳香，是北方寒冷地区的观赏树种。

林地景观

金缕梅科
HAMAMELIADACEAE

蚊母树
Distylium racemosum Sieb. et Zucc.

金缕梅科蚊母树属常绿乔木，高达 16 m；树皮暗灰色，粗糙。嫩枝及裸芽被垢鳞，老枝无毛。单叶互生，叶片倒卵状长椭圆形，长 3～7 cm，先端钝或略尖，基部宽楔形，侧脉 5～7 对，全缘。花单性或杂性；总状花序长约 2 cm，无毛；苞片披针形，长约 3 mm；雌雄花同序；雌花位于花序顶端，花小而无瓣，但红色的雄蕊十分显眼。蒴果卵形，木质。花期 4～5 月；果期 9 月。

产于台湾、浙江、福建、广东、海南等地；常生于海拔 150～800 m 丘陵地带常绿阔叶林中。

常作为城市绿化及观赏树种栽培；木材可作为建筑等用材。

树形

叶枝

树 形

叶 枝

半枫荷
Semiliquidambar cathayensis Chang

　　金缕梅科半枫荷属常绿乔木，高达17 m，胸径约 60 cm；树皮灰色。小枝无毛。单叶互生，叶簇生于枝顶；叶片卵状椭圆形，长 8～13 cm，先端渐尖，基部宽楔形或稍圆形，离基三出脉，3裂，一侧裂或不裂。花单性，雌雄同株；头状或短穗状花序，雄花为穗状花序再成总状，雌花为头状花序。聚花果近球形。花期 4～5 月。

　　产于福建、江西、湖南、贵州及华南地区。喜光，耐半阴，喜温暖湿润气候。

　　树姿优美，叶形多变，叶色翠绿，可作为遮阴树和行道树栽培；木材可作为建筑、家具等用材；根及叶可入药。

树 皮

叶 枝

植 株

花序枝

地被景观

蔷薇科 ROSACEAE

金焰绣线菊
Spiraea × bumalda 'Gold Flame'

　　蔷薇科绣线菊属落叶小乔木，高50～90 cm，新枝黄褐色。单叶互生，叶片卵状披针形，先端渐尖，叶缘有细密锯齿，基部宽楔形，新梢顶端幼叶橙红色，霜降后叶片由黄绿色变成红色。花玫瑰红色，两性，10～35朵聚成复伞形花序。蓇葖果常沿腹缝开裂。花期5～10月。

　　原产于美国。我国北方有栽培。喜光，喜温暖湿润气候；喜肥沃、排水良好的沙质土壤；较耐旱、耐寒。

　　花期长，花量大，新叶橙红色，秋叶变成红色，是花叶俱佳的新型观赏树种，可丛植、孤植或列植，也可单株修剪成球形，成群植作模纹色块、花境、地被植物。

金叶风箱果

Physocarpus opulifolius 'Lutein'

蔷薇科风箱果属落叶灌木，为风箱果的栽培变种，高达3m；树皮纵向剥落。枝条开展。单叶互生，叶片三角状卵形至广卵形，边缘有细锯齿，基部广楔形，叶金黄色或淡黄绿色。花两性；伞形总状花序，顶生；萼筒杯状，萼片5；花瓣5，稍长于萼片，花白色。蓇葖果红色。春季开花。

原产于北美洲东部。我国哈尔滨、沈阳、熊岳、青岛、济南、保定有栽培。喜温凉湿润气候；喜疏松、肥沃土壤。

本种是我国近年来新引种的彩叶树种，叶色金黄，适合公园、绿地、路边、林缘等处栽培供观赏。

地被景观

叶枝

花序枝

植株

植株

木香花
Rosa banksiae Ait.

　　蔷薇科蔷薇属落叶或半常绿攀缘灌木，高达10m。枝绿色，细长而刺少，无毛。奇数羽状复叶互生，小叶3～5，长椭圆状披针形或椭圆状卵形，长2～6cm，先端急尖或微钝，基部近圆形或楔形，叶缘具尖锯齿，无毛或背面沿中脉疏被柔毛；托叶条形，与叶柄离生，早落。花两性，伞形花序，花白色或淡黄色，单瓣或重瓣，芳香。蔷薇果近球形，直径3～5mm，红色。花期4～7月；果期10月。

　　产于我国西南等地区，现国内外园林及庭园普遍栽培；生于山区灌丛中。喜光，也耐阴，喜温暖气候，有一定的耐寒力。

　　晚春至初夏开花，芳香袭人，宜设棚架、凉廊等攀缘栽培供观赏；花可提取芳香油；根、叶可入药。

叶枝

树皮

植株

果枝

叶枝

灰栒子

Cotoneaster acutifolius Turcz.

蔷薇科栒子属落叶灌木，高2～4m。小枝棕褐色，幼时被长柔毛。单叶互生，叶片卵形至长卵形，长2.5～5cm，宽1.2～2cm，先端渐尖或急尖，基部宽楔形，全缘，幼时被长柔毛；叶柄长2～7mm。花两性；2～5朵成聚伞花序，总花梗和花梗被长柔毛，花直径7～8mm；萼筒钟状或短筒状，外面被柔毛；萼片三角形；花瓣5，粉红色，开花时直立；雄蕊10～15；花柱通常2，离生。梨果椭圆形或倒卵形，直径7～8mm，有毛，黑色。花期5～6月；果期9～10月。

产于内蒙古、河北、北京、山西、河南、陕西、湖北、甘肃、西藏等地；生于山坡及沟谷灌丛或疏林内。喜光，稍耐阴；耐寒，耐旱；对土壤要求不严。

可作为园林绿化树种；木材坚韧，供制作农具柄及工艺品等用；果可入药。

植株（秋）

果 枝

植 株

道格海棠

Malus 'Dolgo'

　　蔷薇科苹果属落叶小乔木，高 10～12 m；树皮黄绿色。单叶互生，叶片具锯齿或缺裂。伞形总状花序，花大，白色，重瓣，直径约 5 cm。果近球形，亮红色。花期 4 月中旬；果期 6～7 月。

　　原产于欧美。我国北京植物园有引种栽培。喜光，耐寒，耐旱，耐涝。

　　花白果红，是优良的观花观果树种，可孤植于庭园、门旁或亭廊两侧，也可丛植于草地或假山、湖池边供观赏，还可盆栽供观赏。

花序枝

树形

花序枝

火焰海棠

Malus 'Flame'

蔷薇科苹果属落叶小乔木，树形开张。单叶互生，叶片椭圆形至长椭圆形。伞形总状花序，花蕾淡红色，盛开时白色。果实深红色。花期4～5月；果期7～8月。

原产于欧美。我国北京植物园有栽培，现已向周边地区推广。喜光，耐寒，耐旱。

本种花、果俱美，是优良的庭园观赏树种。

丛植景观

叶枝

花序枝

果枝

树形

红宝石海棠

Malus 'Jewelberry'

蔷薇科苹果属落叶小乔木，高达 3 m；树干及主枝直立，春季枝条红色，嫩芽嫩枝血红色。单叶互生，叶片椭圆形至长椭圆形。伞形总状花序，花粉红色至玫瑰红色，完全开放后变成白色。果球形，亮红色，犹如红宝石。花期 4 ～ 5 月；果期 7 ～ 8 月。

原产于欧美。我国北京植物园有引种栽培，现已向周边地区推广。耐瘠薄，耐寒冷，耐修剪。

本种叶红、花红、果红，枝亦红，是叶、花、果、枝、树形俱美的彩色优良树种，适宜在公园、街道两侧及庭院栽培供观赏。

树形

凯尔斯海棠 *Malus* 'Kelsey'

蔷薇科苹果属落叶小乔木，高4.5～6 m；树冠圆球形，开展。小枝暗紫色。单叶互生，新叶红色，老叶绿色。伞形总状花序，花粉红色，半重瓣。果实紫红色。花期4～5月；果熟期7月。

原产于欧美。我国北京植物园引种栽培。生长较快，耐瘠薄，耐寒，耐盐碱能力强。

花深粉红色，繁而艳，果实亮红色，鲜艳夺目，可孤植、群植于各类公园、街道绿地、公路分车带中，均具有很好的观赏效果。

果枝

花序枝

丛植景观

丛植景观

果 枝

绚丽海棠 *Malus* 'Radiant'

蔷薇科苹果属落叶小乔木。单叶互生，叶片椭圆形至长椭圆形，幼叶及新生叶顶部紫红色。花深粉红色。梨果亮红色，直径约 1.2 cm。花期 4 月下旬。

原产于欧美。我国北京植物园有引种栽培，并逐渐向周边地区扩大推广。

花、果俱美，是优良的庭园观赏树种。

树 形

树形

叶枝

果枝

花序枝

群植景观

草莓果冻海棠

Malus 'Strawberry Parfait'

　　蔷薇科苹果属落叶小乔木，高达7.5 m；干皮棕红色。单叶互生，叶片椭圆形至长椭圆形，新叶紫红色。伞形总状花序，花大，浅粉红色，边缘有深粉色晕。果近球形，黄色，带红晕。花期4～5月；果期6月。

　　原产于欧美。我国北京植物园有引种栽培，并逐步向周边地区推广。喜光，耐寒，耐旱，怕涝。

　　本种是从国外引进的观赏海棠新品种。新叶紫红色，花色美丽，秋冬黄果累累，是优良的观花、观果树种，可植于庭园，也可丛植于草地、假山或盆栽供观赏。

树形

秋子梨

Pyrus ussuriensis Maxim.

蔷薇科梨属落叶乔木，高达15 m。常有枝刺，小枝无毛，老枝灰褐色。单叶互生，叶片宽卵形或卵圆形，长5～10 cm，宽4～6 cm，先端渐尖，基部圆形或近心形，边缘有芒状锯齿，芒尖较长，向外直伸，两面无毛；叶柄长2～5 cm。花两性；伞形总状花序密集，有花6～12朵；萼筒无毛；萼片三角状披针形，边缘有腺齿；花瓣5，倒卵形或宽卵形，白色；雄蕊20；花柱5，离生。梨果球形，直径2～6 cm，黄色，萼片宿存，果梗长1～2 cm。花期4～5月；果期8～9月。

产于东北、内蒙古、河北、山西、陕西、甘肃、山东等地。喜光，耐寒，耐涝，耐盐碱。

木材致密、坚硬，可作为雕刻、高档家具、工艺品等用材；果可食、可酿酒等。

花序枝

果枝

叶 枝

树 形

陕梅杏

Prunus armeniaca 'Meixin'

蔷薇科李属落叶乔木，为杏的栽培变种。树高达 10 m。小枝红褐色，无毛。单叶互生，叶片卵圆形或卵状椭圆形，长 5～8 cm，先端突尖或突渐尖，基部圆形或广楔形，缘具钝锯齿。花重瓣，粉红色，似梅花。核果近球形，直径 2～3 cm，具纵沟，黄色或带红晕。花期 3～4 月。

产于我国东北、华北、西北及长江中下游等地。喜光，适应性强，耐寒，耐旱，抗盐碱能力强，但不耐涝。

早春叶前满树繁花，美观大方，是园林绿化的优良树种。

树 皮

叶 枝

植 株

花 枝

麦李

Prunus glandulosa Thunb.

蔷薇科李属落叶灌木,高0.5～1.5 m。小枝灰棕色或棕褐色。叶互生,叶片长圆状披针形或椭圆状披针形,长2.5～6 cm,宽1～2 cm,先端渐尖,基部楔形,最宽处在中部,边缘有细钝重锯齿,表面绿色,背面淡绿色,侧脉4～5对;叶柄长1.5～3 mm;托叶线形,长约5 mm。花两性,单生或2朵簇生,花叶同时开放或接近同时开放;花梗长6～8 mm;萼筒钟状,长宽近相等,萼片三角状椭圆形,边有锯齿;花瓣白色或粉红色,倒卵形;雄蕊30;花柱稍比雄蕊长。核果红色或紫红色,近球形,直径1～1.3 cm。花期3～4月;果期5～8月。

产于我国华北、华东、华中及西北地区;生于海拔1000～1300 m山坡、沟边、灌丛。喜光,适应性强。

花美观,可于庭园栽培供观赏;果可食;种仁可入药。

群植景观

花 枝

花 枝

群植景观

树 形

梅 *Prunus mume* Sieb. et Zucc.

蔷薇科李属落叶乔木，高 4～10 m；树皮暗灰色或稍带绿色，平滑或老时粗糙开裂。小枝细长，绿色。单叶互生，叶片卵形至宽卵形，长 4～8 cm，宽 2～4 cm，先端尾尖或长渐尖，基部常宽楔形，边缘具细密锐锯齿，侧脉 8～12 对，表面绿色，背面淡绿色，沿中脉被短柔毛；叶柄长 5～10 mm，近顶端处有 2 腺体。花两性，单生或 2 朵簇生，先叶开放，直径 2～2.5 cm；萼筒钟状；花瓣白色至淡粉红色，有浓郁香味。核果近球形，直径 2～3 cm，熟时黄色或淡绿色。花期冬末至早春。

产于我国西南、湖北宜昌、广西等地山区。栽培的梅在黄河以南地区可露地过冬。

花色素雅，秀丽清香，最宜植于庭园、低山丘陵供观赏；果可鲜食，也可加工成梅干、蜜饯、陈皮等食品。

树 形

紫叶碧桃
Prunus persica 'Atropurpurea-Plena'

　　蔷薇科李属落叶小乔木，为桃的栽培变种。树高3～5m。单叶互生，叶片长椭圆状披针形，长7～16cm，先端渐尖，基部广楔形，边缘有细锯齿，嫩叶紫红色，后逐渐变为近绿色。花重瓣，粉红色。核果卵球形或卵状椭圆形。花期3～4月；果期6～8月。

　　产于我国华北、华中、西南地区，在平原和丘陵地区普遍栽培。喜光，较耐旱，不耐水湿，有一定的抗寒能力。

　　嫩叶紫红色，花大而美丽，是优良的庭园观赏树种。

叶 枝

叶枝（夏）

花 枝

果 枝

行道树景观

花 枝

果 枝

红碧桃

Prunus persica 'Rubro -
Plena'

　　蔷薇科李属落叶小乔木，为桃的
栽培变种。花重瓣，深红色；花直径
约 4 cm，花瓣达 35，形似梅花。
　　其他同紫叶碧桃。

树 形

叶 枝

花序枝

果 枝

树 形

樱桃 *Prunus pseudocerasus* Lindl.

　　蔷薇科李属落叶乔木，高达 8 m，胸径约 30 cm；树皮灰褐色或紫褐色；小枝褐色或红褐色。叶互生，叶片卵形至椭圆状卵形，长 6～15 cm，宽 3～8 cm，先端渐尖，基部圆形或宽楔形，边缘有大小不等重锯齿，齿端多有腺体，侧脉 7～10 对；叶柄长 8～10 mm，近顶处具 2 腺体；托叶常 3～4 裂。花两性，3～6 朵簇生或为有梗的短总状花序，先叶开放，花直径 1.5～2.5 cm，花梗长约 1.5 cm；萼筒被毛；花瓣白色，倒卵形或近圆形；雄蕊多数；子房及花柱无毛。核果近球形，熟时鲜红色或橘红色。花期 3～4 月；果期 5 月。

　　产于我国华北、华东、华中至四川等地。喜光，在深厚、疏松的沙壤土上生长良好。

　　为良好的庭园观赏树种；果酸甜可口，可生食及酿酒；种仁可入药。

叶 枝

树 皮

花序枝

树 形

垂枝山樱

Prunus serrulata 'Pendula'

　　蔷薇科李属落叶乔木，为山樱花的栽培变种。树高 10～25 m，胸径约 30 cm；树皮暗褐栗色，平滑或有横皮孔裂纹。小枝红褐色，下垂，光滑无毛。叶片卵形、矩圆状倒卵形或椭圆形，先端长渐尖，基部楔形至宽楔形，边缘具单锯齿和重锯齿，侧脉约 10 对；叶柄长 0.5～1.5 cm。短总状花序或有梗的伞房花序，由 3～5 朵花组成，花粉红色，常重瓣。花期 4～5 月；果期 6～7 月。

　　产于黑龙江、辽宁及长江中下游地区。喜光，喜温暖湿润，也较耐寒、耐旱；适生于肥沃、排水良好的微酸性土壤。

　　可作为园林观赏树种。

花 枝

辽梅山杏

Prunus sibirica
'Pleniflora'

　　蔷薇科李属落叶乔木，为山杏的栽培变种。树高3～5m，有时呈灌木状。单叶互生，叶片卵圆形或近扁圆形，先端尾尖，锯齿圆钝。花单性，花大而重瓣，深粉红色，花朵密，形似梅花。核果，果小而肉薄，密被短茸毛，成熟后开裂。花期3～4月；果期6～7月。

　　产于我国东北、华北地区。喜光，耐寒性强；耐干旱瘠薄土壤。

　　花期早，花大而美丽，是优良的园林绿化树种。

叶 皮

树 形

树 皮

树 形

叶 枝

林地景观

花序枝

树 皮

楝木石楠 *Photinia davidsoniae* Rehd. et Wils.

　　蔷薇科石楠属常绿乔木，高 6～15 m；树干及枝条具刺。幼枝黄红色，有稀疏平贴柔毛，后成紫褐色。单叶互生，革质，叶片长圆形至倒卵状披针形，长 5～15 cm，宽 2～5 cm，先端急尖或渐尖，基部楔形，边缘稍反卷，有具腺的细锯齿，表面光亮，中脉初有贴生柔毛，侧脉 10～12 对；叶柄长 8～15 mm。花两性，密集成顶生复伞房花序；花直径 10～12 mm，花梗长 5～7 mm；萼筒浅杯状，外面疏生平贴短柔毛；萼片三角形；花瓣 5，圆形，白色；雄蕊 20；花柱 2，基部合生并密被白色长柔毛。梨果球形或卵形，直径 7～10 mm，黄红色。花期 5 月；果期 9～10 月。

　　产于我国华中、华南、西南等地；生长于灌丛中。

　　为我国长江流域及南方优良的园林树种，枝繁叶茂，叶、花、果均可观赏；木料可做农具。

植株

林地景观

地被景观

植篱景观

红叶石楠

Photinia × fraseri 'Red Robin'

　　蔷薇科石楠属常绿大灌木，高 3～5 m，是光叶石楠与石楠的杂交种。多分枝，株形紧凑。叶革质，叶片长椭圆形至倒卵状椭圆形，有锯齿，春秋季新叶鲜红色，冬季上部叶鲜红，下部叶转为深红色。复伞房花序。梨果红色。花期 7～8 月；果期 10～11 月。

　　在我国华北大部、华东、华南及西南等地生长良好。有很强的适应性，耐低温，耐瘠薄土壤，有一定的耐盐碱性和耐干旱能力；性喜强光照，也有很强的耐阴能力，在直射光照下色彩更为鲜艳。

　　叶色火红，观赏性强，是园林绿化优良的彩叶树种。

叶枝

果 枝

树 皮

树 形

红果树

Stranvaesia davidiana Dcne.

蔷薇科红果树属常绿灌木或小乔木，高达
10 m。枝条密集，小枝粗，幼时密被长柔毛，后渐脱落。
单叶互生，叶片长圆形、长圆状披针形或倒披针形，
长 5 ～ 12 cm，先端急尖或突尖，基部楔形，全缘，
表面中脉凹下，沿中脉被灰褐色柔毛，侧脉 8 ～ 16
对；叶柄长 1.5 ～ 2 cm。花两性；复伞房花序，直
径 5 ～ 9 cm，具多花；萼被疏柔毛；花瓣近圆形；
花药紫红色；子房顶部被绒毛。梨果近球形，橘红色。
花期 5 ～ 6 月；果期 9 ～ 10 月。

产于云南、广西、贵州、四川、江西、陕西等地；
生于海拔 1000 ～ 3000 m 的山坡或灌丛中。

为观果树种，宜于庭园或坡地栽培。

豆科
LEGUMINOSAE

榼藤子
Entada phaseoloides (L.) Merr.

　　豆科榼藤子属常绿木质大藤本，枝无毛。二回偶数羽状复叶，羽片1～2对；小叶3～4对，叶片长卵形，长3～5.5cm，先端圆，微凹，两面无毛，叶背面常被白粉。穗状花序细长，花两性或杂性，花序长15～30cm，疏被柔毛，花瓣长椭圆形，淡黄色。荚果木质，长达1m，宽8～10cm，弯曲。花期3～6月；果期8～11月。

　　产于福建、台湾、广东、广西、海南、云南等地；生于低山丘陵林中。

　　藤及种子可入药；纤维可用于造纸等；种仁可榨油。

叶枝

树形

树皮

果枝

树皮

树冠

花序枝

银合欢
Leucaena leucocephala (Lam.) de Wit

　　豆科银合欢属常绿小乔木，高达8m，或呈灌木状，树冠平顶。幼枝被柔毛，后脱落。二回羽状复叶互生，羽片4～10对；小叶10～15对，条状椭圆形，长0.6～1.3cm，宽1.5～3mm，先端短尖，中脉偏于上缘；第一对羽片着生处具1腺体；叶轴及羽片轴被柔毛。花两性；头状花序1～3朵腋生；花萼管状，短齿裂；花白色，花瓣分离；雄蕊10，分离；子房具柄，胚珠多枚，花柱线形。荚果薄带状，长10～18cm，宽1.2～2cm，种子6～25。花期7月；果期10～11月。

　　原产于美洲热带地区。我国福建、广东、广西、海南、云南、台湾有栽培。喜光，耐干旱瘠薄。

　　头状花序漂亮，可作为观赏树种；花、果、皮可入药；木材可用于制作小农具；嫩荚及种子可食；树胶可作为食物乳化剂。

果　枝

宫粉羊蹄甲（洋紫荆）

Bauhinia variegata L.

　　豆科羊蹄甲属落叶或半常绿小乔木，高6～8 m；树皮暗褐色，近平滑。小枝近无毛。单叶互生，叶广卵形，宽大于长，长7～10 cm，基部心形，叶端2裂，深1/4～1/3，革质。花两性；短总状花序，花大，直径10～12 cm，花瓣倒卵形至长倒卵形，粉红色或淡紫色。荚果条形扁平，长15～25 cm。花期几乎全年，尤以春季最盛。

　　产于我国华南、福建、云南等地。喜光，喜排水良好的土壤；萌芽力强，耐修剪。

　　花大而美丽，花期长，略有香味，在我国华南各地常作为庭园风景树及行道树供观赏。

花序枝

树　形

树　皮

花序枝

望江南 *Cassia occidentalis* L.

豆科决明属灌木或半灌木，高达2 m。小枝具棱。一回偶数羽状复叶互生，小叶3～5对；叶片卵形或卵状披针形，长3～10 cm，宽1～3.2 cm，先端渐尖，基部稍圆，具缘毛；叶柄基部有1腺体；托叶膜质，卵状披针形，脱落。花两性；花序伞房状；萼5深裂；花瓣5，黄色。荚果带状，长10～13 cm，宽约9 mm，微弯，有横隔膜；种子50～60，扁卵形，褐色。花期4～8月；果期6～10月。

原产于美洲热带地区。我国四川、云南、贵州、广西、广东、海南、福建、台湾、湖南、江西、安徽、江苏、山东、北京等地有栽培；生于沙质土的山坡或溪边。喜光。

种子、全株可入药，种子含有毒蛋白和大黄素，应防牲畜误食；全株可提制栲胶；为绿肥树种。

叶枝

植株

果枝

铁刀木 *Cassia siamea* Lam.

豆科决明属常绿乔木，高达 20 m，胸径约 40 cm；树皮幼时平滑，灰白色，老时细纵裂，灰黑色。小枝粗，具棱，密生白色皮孔。一回偶数羽状复叶互生；小叶 6～11 对，叶片椭圆形，长 4～8 cm，先端钝，有短尖，基部圆形，背面粉白色，两面被毛。花两性；圆锥花序顶生，花大，黄色；萼片近圆形；花瓣宽倒卵形，具短爪；发育雄蕊 7，退化雄蕊 3；子房无柄，被白毛。荚果长 10～30 cm，宽 1～1.5 cm，扁平，紫褐色，开裂；种子 20～30。花期 7～12 月；果期翌年 1～4 月。

原产于印度、缅甸、泰国、越南、斯里兰卡、菲律宾等地。我国云南、广西、广东、海南、福建、台湾等地有栽培。喜光，喜暖热气候。

枝叶茂密，可作为行道树及防护林树种；木材可作为建筑、家具、装饰等用材；又可作为紫胶虫的寄主树。

叶 枝

行道树景观

树 形

树 皮

树 形

加拿大紫荆 *Cercis canadensis* L.

　　豆科紫荆属落叶小乔木，高6～9m；树干笔直，老茎树皮鳞状剥落。单叶互生，叶片心形，全缘，新生叶呈现浅红紫色，后渐变为深绿色，叶脉明显。花两性，先叶开放，丛生或呈总状花序；花萼钟形，有5短齿；花冠扁圆形，红紫色，长约1.3cm；雄蕊10，花丝分离。荚果扁平，红棕色。花期3～4月；果期7～8月。

　　原产于美国东部和中部地区。我国华北、华中、华东、华南、西北地区有栽培。喜光，喜湿润肥沃土壤，耐干旱瘠薄，忌水湿。

　　花叶美观，为良好的庭园观赏树种；木材密度大，坚硬，条纹细密，可作为家具、装饰、建筑等用材；花可食；为蜜源植物；树皮可提取收敛剂，药用。

叶枝（春）

花序枝

叶枝

树皮

树形

孪叶豆

Hymenaea courbaril L.

　　豆科孪叶豆属乔木；具板根。小枝淡绿色。2 小叶复叶，叶片长卵形，微弯，长 5～10 cm，先端短尖，基部偏斜，全缘，无毛。花两性；圆锥花序顶生，花稀疏，直径 2.5～3 cm。荚果椭圆形，种子嵌于果肉内。花期 9～10 月。

　　原产于美洲热带地区。我国广州有引种栽培。

　　木材坚硬，可用于制作家具；果肉可食；果和树干含树脂，可作为油漆原料。

叶枝

树皮

叶 枝

树 形

中国无忧花 *Saraca dives* Pierre

豆科无忧花属常绿乔木，高达 10 m。偶数羽状复叶互生，小叶 5(4～7) 对；叶片卵状长椭圆形，长 15～35 cm，宽约 12 cm，先端短渐尖，基部楔形，背面无毛。花两性；由伞房花序组成顶生的圆锥花序，花无瓣；花萼管状，端 4～5 裂，花瓣状，橘红色至黄色；雄蕊 8～10，花丝细长突出。荚果长圆形，扁平。花期 4～5 月；果期 7～10 月。

产于云南、广西等地。喜光，喜温暖湿润气候；喜疏松、排水良好土壤。

株形美观，花艳如火，灿烂夺目，适合公园、风景区及绿地等孤植和列植；树皮可入药。

花序枝

杭子梢

Campylotropis macrocarpa
(Bge.) Behd.

　　豆科杭子梢属落叶灌木，高1～2 m。小枝有棱并贴生短或长柔毛，幼枝密被白色绢毛。羽状三出复叶互生，具宿存托叶；小叶片椭圆形或宽椭圆形，长3～7 cm，宽1.5～3.5 cm，先端圆形或微凹，具小突尖，基部圆形，全缘，表面通常无毛，背面通常贴生柔毛。花两性；总状花序腋生或顶生；花萼钟形，5裂；花冠紫红色或近粉红色，旗瓣椭圆形或倒卵形，翼瓣比旗瓣稍短或等长，龙骨瓣内弯；花梗在花萼下具关节；二体雄蕊；花柱丝状。荚果长圆形或椭圆形，长10～14 mm，宽3～4 cm；种子1。花期8～9月；果期9～10月。

　　产于辽宁、华北、华东及陕西、甘肃、四川等地；生于山坡、沟谷、林缘或灌丛中。

　　花期长，供观赏及作为蜜源植物、水土保持树种；枝条可用于编筐；叶可作为饲料及肥料。

植株

花序枝

果枝

降香黄檀

Dalbergia odorifera T. Chen

　　豆科黄檀属半常绿乔木，高达 20 m，胸径约 80 cm；树皮暗灰黄色，粗糙。小枝近无毛。奇数羽状复叶互生。小叶 7～13，叶片卵形、椭圆形或宽卵形，长 4～7 cm，先端钝尖，基部圆形或宽楔形，表面深绿色，背面灰绿色，全缘，网状脉。花两性；圆锥花序腋生，由伞房花序组成，长 8～10 cm，花冠淡黄白色；雄蕊 9，单体。荚果舌状长圆形，长 4.5～8 cm，宽 1.5～1.8 cm，基部稍被毛。花期 4～6 月；果期 10～11 月。

　　产于海南，广州、南宁、厦门等地有栽培；生于海拔 600 m 以下的小片纯林。喜光，喜暖热气候，耐干旱瘠薄土壤，忌涝，萌芽力强，生长较慢。

　　树形优美，枝繁叶茂，开花繁密而持久，在华南地区可作为遮阴树、行道树栽培供观赏；心材可代降香供制佛香用。

叶　枝

树　皮

树　形

树 形

吉纳紫檀
Pterocarpus marsupium
Roxb.

豆科紫檀属乔木，高达30 m，胸径约2.5 m；树皮灰色，粗糙，纵裂成鳞状剥落。小枝无毛。奇数羽状复叶，叶片长圆形或卵圆形，长5～12.5 cm，先端钝尖或微凹，基部圆形，表面无毛，背面稀疏被毛。花两性；总状花序，萼片长约4 cm，花冠长约8 cm，花暗黄色；花序梗、花蕾及花梗被柔毛。荚果圆形，直径4～6 cm，被柔毛。花期5～6月。

原产于印度及斯里兰卡。我国广东、海南、台湾等地有栽培。

本种为优良的用材树种。

树 皮

叶 枝

植 株

花序枝

龙牙花
Erythrina corallodendron L.

　　豆科刺桐属落叶小乔木，高达7 m；枝干被皮刺。三出复叶互生，3小叶，顶生小叶菱形或菱状卵形，长4～10 cm，全缘，无毛；叶柄及叶轴有皮刺。花两性；总状花序腋生；花较疏，长30～40 cm，花冠深红色，长4.5～6 cm，盛开时仍为直筒形；花萼钟形，端部斜截形，下部有一尖齿。荚果圆柱形，长10～12 cm；种子深红色，有黑斑。花期6～7月。

　　原产于美洲热带地区。我国山东、江苏、浙江、福建、台湾、广东、广西及云南等地有栽培，长江流域及以北地区多温室栽培。

　　为一种美丽的观赏树种，常作为庭园树栽培；树皮含龙牙花素可供药用。

叶 枝

鸡冠刺桐

Erythrina crista-galli L.

　　豆科刺桐属落叶小乔木，高 2～5 m；茎和叶柄具皮刺。枝条较细。羽状复叶互生，具 3 小叶；小叶片卵形至卵状长椭圆形，长 5～10 cm，宽 3～4.5 cm，先端钝，基部近圆形，全缘。花两性，与叶同出；总状花序，每节有花 1～3 朵；花萼钟状，暗红色，萼筒端 2 浅裂；花红色或橙红色，长 3～5 cm；旗瓣大，倒卵形，盛开时开展呈佛焰苞状；雄蕊 10，二体；子房有柄，具细绒毛。荚果木质，长达 38 cm，褐色，种子间缢缩；种子大，亮褐色。花期 6～9 月；果期 8～11 月。

　　原产于南美洲的阿根廷、乌拉圭、巴西与巴拉圭。我国华南各地庭园有栽培。喜光，不耐寒。

　　树态优美，花鲜红耀眼，具有很高的观赏价值，是公园、庭园、温室盆栽优良的绿化及观赏树种。

花序枝

树 皮

树 形

长叶排钱树

Phyllodium longipes (Craib) Schindl.

豆科排钱树属落叶灌木，高约 1 m。小枝"之"字形弯曲，密被柔毛。托叶三角形，有条纹。羽状 3 小叶互生；小叶革质，顶生小叶披针形或长圆形，长 13～20 cm，宽 3.7～6 cm，先端渐狭而急尖，基部圆形或宽楔形；侧生小叶斜卵形，长 3～4 cm，宽 1.5～2 cm，先端急尖，表面疏被毛或近无毛，背面密被褐色软毛，侧脉每边 8～15 条，隆起。花两性；伞形花序有花 (5)9～15 朵，藏于叶状苞片内，由许多苞片排成顶生总状圆锥花序状，苞片斜卵形，花萼 4 裂，被白色绒毛；花冠白色或淡黄色，旗瓣倒卵形，翼瓣基部有耳，龙骨瓣弧曲；雄蕊单体。荚果条形，长 1.8～2.5 cm。花期 8～9 月；果期 10～11 月。

产于广东、广西、云南南部；生于海拔 900～1000 m 的山地灌丛或密林中。

全株均可入药。

植 株

果 枝

叶枝（秋）

红花刺槐
Robinia pseudoacacia f. *decaisneana* (Carr.) Voss.

　　豆科刺槐属落叶乔木，为刺槐的变型。树高达25 m；干皮深纵裂。枝具托叶刺。羽状复叶互生，小叶7～19，叶片卵形或长圆形，长2～5 cm，先端圆或微凹，具芒尖，基部圆形。花两性；总状花序下垂；萼具5齿，稍二唇形，反曲，翼瓣弯曲，龙骨瓣内弯；花冠粉红色，芳香。果条状长圆形，腹缝有窄翅，长4～10 cm；种子3～10。花期4～5月；果期9～10月。

　　原产于北美洲。我国南北各地常见栽培。属温带树种，喜光，耐干旱瘠薄，对土壤适应性强。

　　宜作为庭荫树、行道树、防护林及城乡绿化树种。

叶枝

花序枝

树形

树皮

果枝

花序枝

金叶刺槐

Robinia pseudoacacia 'Frisia'

　　豆科刺槐属落叶乔木，为刺槐的栽培变种。幼叶全黄，夏叶绿黄色，秋叶橙黄色。其他特征同红花刺槐。

　　叶色变化丰富，主要用于园林绿化，可作为庭荫树及行道树等。

叶枝

树形

树皮

香花槐

Robinia pseudoacacia
'Idaho'

　　豆科刺槐属落叶乔木，为刺槐的栽培变种。花紫红色至深粉红色。在我国南方春季至秋季连续开花；在北方5月（20天）和7～8月（40天）开花两次。其他特征同红花刺槐。

　　原产于朝鲜。我国从1996年引种栽培，在南北各地表现良好。耐干旱、瘠薄，适应性强。

　　花大而色艳、芬芳，花期长，是很好的园林观赏树种。

树皮

树形

花序枝

叶枝

枝 条

金枝国槐
Sophora japonica
'Golden Stem'

　　豆科槐属落叶乔木，为国槐的栽培变种。枝条金黄色。叶春季、秋季金黄色，夏季绿黄色。其他特征同金叶国槐。

　　我国 1998 年从韩国引入，河北、河南、辽宁等地有栽培。

　　枝、叶金黄色，非常漂亮，为良好的庭荫树及行道树。

叶 枝

树 皮

叶枝（夏）

树形

果枝

花序枝

树形（夏）

树 形

金叶国槐
Sophora japonica 'Chrysophylla'

豆科槐属落叶乔木，为国槐的栽培变种。树高达 25 m，胸径约 1.5 m；树皮灰黑色，粗糙纵裂。小枝绿色。奇数羽状复叶，对生或近对生，小叶 7～17；叶片卵状椭圆形，长 2.5～5 cm，先端尖，全缘，基部圆形或宽楔形，嫩叶黄色，后渐变为黄绿色。圆锥花序顶生；花冠蝶形，黄白色；雄蕊 10，离生。果念珠状，长 2.5～8 cm，肉质不裂；种子肾形，深棕色。花期 6～8 月；果期 9～10 月。

产于我国北部，自东北沈阳以南至华南、西南地区均有栽培。喜光，耐寒；适生于肥沃、湿润而排水良好的土壤。

树冠宽广，枝叶茂密，寿命长，春季叶色金黄，为良好的庭荫树及行道树；花及种子可入药。

叶 枝

果 枝

花序枝

树 皮

芸香科 RUTACEAE

藜檬

Citrus limonia Osb.

　　芸香科柑橘属常绿灌木或小乔木。枝具硬枝刺。单叶互生，叶片宽卵圆形或卵状椭圆形，长6～12 cm，宽3～5 cm，先端钝圆或短尖，具疏锯齿；叶柄具窄翼或仅具痕迹。花两性；总状花序或花1～2朵腋生；花瓣外面淡紫色，内面白色；雄蕊25～30；子房卵状，花柱比子房约长3倍。柑果球形或扁球形，直径4～5 cm，黄绿色、淡黄色或橙红色，果皮薄，光滑，瓤囊8～10，多汁，味极酸，稍有柠檬香气。花期4～6月；果期10～11月。

　　产于福建、台湾、广东、海南、广西、贵州、云南等地。

　　果可制饮料及入药。

果 枝

植 株

植株

柠檬
Citrus limon (L.) Burm. f.

芸香科柑橘属常绿灌木或小乔木。枝少刺或近无刺，幼枝、花芽及幼叶带紫红色。单叶互生，叶片厚纸质，长卵形或卵状椭圆形，长 8～14 cm，宽 4～6 cm，先端短尖，边缘有明显钝裂齿；叶柄具窄翼或痕迹。花两性；单花腋生或少数花簇生；花萼杯状，4～5 齿裂；花瓣 1.5～2 cm，外面淡紫红色，内面白色；常有单花性，即雄蕊发育，雌蕊退化；雄蕊 20～25 或更多；子房近筒状，柱头头状。柑果椭圆形或卵形，长 5～7 cm，两端尖，顶部通常较长并有乳头状突尖，黄色；果皮厚，粗糙，难剥离，富含柠檬香气的油点；瓤囊 8～11，多汁，味甚酸。花期 4～6 月；果期 9～11 月。

产于我国长江以南地区。

栽培历史悠久，为世界重要的香料树种；果富含维生素 C，可提取柠檬精，可供制作饮料、酒、化妆品。

叶 枝

花 枝

果枝

植株

叶枝

代代

Citrus aurantium var. *amara* Engl.

　　芸香科柑橘属常绿灌木或小乔木，为酸橙的变种，高2～5 m。枝有刺，无毛。单小叶互生，叶片卵状椭圆形，长5～10 cm，先端渐尖，基部广楔形，密被透明油点；叶柄通常具倒心形的宽翅。花两性；1朵至数朵成总状花序；花白色，极芳香。柑果扁球形，直径7～8 cm，熟时橙红色，但到翌年夏天又变青绿色，能数年不落。

　　原产于我国东南部地区，苏州地区专业温室栽培。

　　为著名的香花，可用来熏茶，名"代代花茶"；也常作为盆栽供观赏。

花序枝

叶枝

林地景观

果枝

树皮

树形

黄皮 *Clausena lansium* (Lour.) Skeels

芸香科黄皮属常绿乔木或灌木状，高达 12 m。小枝散生瘤状油点及密被短直毛。奇数羽状复叶互生，小叶 5～11；小叶片卵形或卵状椭圆形，常一侧偏斜，长 6～14 cm，宽 3～6 cm，基部近圆形或宽楔形，边缘波浪状或具浅的圆裂齿，叶面中脉常被短细毛。花两性；圆锥花序顶生；花蕾有 5 条纵脊棱；萼片 5，广卵形；花瓣 5，白色；雄蕊 10；子房上位，5 室。浆果圆形、椭圆形或阔卵形，长 1.5～3 cm，宽 1～2 cm，淡黄至暗黄色，被细毛。花期 4～5月；果期 7～8月。

产于我国华南、西南等地。喜温暖湿润环境，对光照的适应能力较强，喜光也耐半阴。

为亚热带的常绿果树，根、叶、果和种子等都可入药；果可鲜食，也可盐渍、糖渍后食用。

叶枝

三叉苦

Evodia lepta (Spreng.) Merr.

芸香科吴茱萸属乔木，高达 20 m，胸径约 40 cm，常呈灌木状。奇数羽状复叶对生；3 小叶复叶的叶长圆形、倒卵状椭圆形或椭圆状卵形，长 6～20 cm，宽 2～8 cm，先端渐尖，基部楔形，全缘，散生油点。伞房状圆锥花序腋生，花单性，雌雄异株，多花，花 4 基数。蓇葖果淡黄色或茶褐色，密被油点。花期 4～6 月；果期 9～10 月。

产于台湾、福建、江西、广东、海南、广西、贵州、云南等地。

木材淡黄色，纹理通直，结构细致，可作为小型家具、文具用材；根、果、叶可入药。

花序枝

树皮

树形

楝叶吴萸

Evodia meliaefolia (Hance) Benth.

芸香科吴茱萸属常绿乔木，高达20 m，胸径约60 cm。奇数羽状复叶，对生，小叶5～11；小叶片斜卵形或卵状披针形、椭圆形，长6～10 cm，宽2.5～4 cm，两侧不对称，具细钝齿或波状，无毛，背面淡绿色或灰绿色；小叶柄长1～1.5 cm。聚伞状圆锥花序顶生；花单性异株；萼片及花瓣均5，稀有4的；花瓣白色。蓇葖果红褐色，干后暗灰色或淡褐色，疏被油点；种子1。花期7～9月；果期10～12月。

产于广东、广西、海南、福建、台湾、云南等地；生于海拔500 m以下低山丘陵地带常绿阔叶林中。

树干通直，材质好，易加工，为建筑、军工等用材；为两广南部重要的用材和绿化树种；根和果可入药。

植 株

果 枝

果 枝

丛植景观

果 枝

金橘

Fortunella margarita (Lour.) Swingle

　　芸香科金橘属常绿灌木，高达3m。实生苗或萌芽枝常具锐尖枝刺。单叶互生，叶片卵状披针形或长圆形，长4～8cm，宽1.8～3cm，先端钝尖，基部楔形，具波状浅钝齿；叶柄具窄翼或具痕迹。花两性，1～3朵腋生，萼5裂；花瓣5，雄蕊15～20；具花盘；子房5室，柱头头状。柑果肉质，卵状椭圆形或倒卵状椭圆形，长3～4cm，熟时橙黄色；果皮肉质，厚2～2.5mm；瓤囊4～5，味酸。花期春末夏初或多次开花；果期秋末冬初或至春节。

　　原产于我国东南部地区。性较强健，耐瘠薄，对旱、病抗性较强。

　　现各地常作为果树或盆景；果供食用及观赏。

树 形

果 枝

榆橘 *Ptelea trifoliata* L.

　　芸香科榆橘属落叶小乔木或灌木，高达3m。树冠近球形。叶互生，3小叶复叶，叶片卵形或椭圆状长圆形，长6～12cm，宽3～5cm，先端渐尖，基部楔形，两侧小叶基部偏斜，全缘或具细锯齿，背面沿脉疏被毛；叶柄长约6cm，无小叶柄。花单性或杂性；伞房状聚伞花序，宽4～6cm；花绿白色，直径约1cm；萼5裂，花瓣5，雄蕊5，雌蕊3；具花盘；子房2～3室，柱头3浅裂。翅果卵形、倒卵形或近圆形，直径1.5～3cm。花期5月；果期8～9月。

　　原产于北美洲东部。我国辽宁、北京、河北、江苏南京等地有栽培，生长良好。

　　翅果似铜钱，美观，可作为园林观赏树种；树皮、果可入药。

植 株

叶 枝

花序枝

胡椒木

Zanthoxylum piperitum DC.

芸香科花椒属常绿灌木，高达1 m。枝有刺。全株有浓烈的胡椒香味。奇数羽状复叶，叶基有二枚短刺，叶轴有狭翼；小叶11～17，对生，倒卵形，长0.7～1 cm，先端圆，基部楔形，全缘，革质，叶面浓绿富光泽，全叶密生腺体。雌雄异株；雄花黄色，雌花红橙色。蓇葖果椭圆形，绿褐色。花期4月；果期7～9月。

原产于日本和朝鲜。我国华南和台湾地区有栽培。喜光，喜暖热气候及肥沃、排水良好的土壤。

枝叶细密，四季青翠，香气沁人，可用于造型、庭园美化、绿篱或盆栽供观赏。

叶 枝

树 形

植 株

橄榄科 BURSERACEAE

橄榄

Canarium album (Lour.) Raeusch.

橄榄科橄榄属常绿乔木，高达 25(35) m，胸径约 1.5 m；树皮灰白色或浅灰色。奇数羽状复叶，互生，小叶 7～13，长圆形、椭圆状卵形或披针形，长 6～14 cm，宽 2～2.5 cm，先端渐尖，基部楔形或稍圆形，全缘。花两性，雌雄异株；花序腋生；花白色，芳香；雄花序为聚伞圆锥花序，长 15～30 cm；雌花序为总状花序，长 3～6 cm；雄花长 5.5～8 mm，雌花长约 7 mm；花萼长 2.5～3 mm；雄蕊 6；子房 3 室，花柱顶生。核果卵圆形至纺锤形，长 2.5～3.5 cm，成熟时黄绿色。花期 4～5 月；果 10～12 月成熟。

产于福建、台湾、广东、广西、云南等地；生于海拔 1300 m 以下的沟谷和山坡杂木林中。

树干通直，枝叶茂密，为很好的防风树种及行道树；木材可造船，制作家具、农具及作为建筑用材；果可生食或渍制及药用。

树 形

树 皮

叶 枝

树 皮

树 形

叶 枝

乌榄

Canarium pimela Leenh.

橄榄科橄榄属常绿乔木，高达 25 m，胸径约 1 m。小枝干时紫褐色。奇数羽状复叶互生，小叶 9～13；叶片圆锥形或卵状椭圆形，长 6～17 cm，宽 2～7.5 cm，先端渐钝尖，基部圆形或宽楔形，全缘，无毛，侧脉 7～11 对，网脉明显，无托叶。圆锥花序，花两性或杂性。果序长约 35 cm，核果窄卵形或椭圆形，长 3～4 cm，熟时紫黑色。花期夏季；果期 8 月。

产于福建、广东、海南、广西、云南等地；多生于低山、丘陵、平原。喜光，喜高温湿润气候。对土壤要求不严，喜酸性土，不耐低湿积水。

为用材树种；果味甘美，供食用；种仁可用于制作珍贵食用油；根可入药。

大戟科
EUPHORBIACEAE

狗尾红

Acalypha hispida Burm. f.

大戟科铁苋菜属常绿灌木，高2～3m。单叶互生，叶片卵圆形，长12～15cm，边缘具齿，表面亮绿色，背面色稍浅；叶柄有绒毛，长5～6cm。花单性同株，无花瓣；花小，鲜红色或紫色；穗状花序腋生，长13～30cm，下垂，形似狗尾状；萼片4，近卵形；子房近球形，花柱3枚，长6～7mm，撕裂5～7条，红色或紫红色。蒴果。花期2～11月。

原产于新几内亚岛。我国华南、西南地区有栽培。喜温暖湿润气候及阳光充足的环境；喜肥沃的土壤。

花序长，色红而鲜艳，宜植于公园、植物园和庭园，欣赏其岁岁（穗穗）红火；长江流域及其以北地区常于温室盆栽供观赏。

盆栽

叶枝

植株

花序枝

植株

枝

植篱景观

花坛景观

彩叶红桑

Acalypha wilkesiana 'Mussaica'

　　大戟科铁苋菜属常绿灌木，为红桑的一个栽培变种。树高约 2.5 m。单叶互生，纸质叶片较长，边缘具桃红色或白色斑，叶缘具粗锯齿。穗状花序，长 10 ~ 20 cm，花小，无花瓣。蒴果。花期夏、秋季。

　　原产于南太平洋群岛，现广泛栽培于热带、亚热带地区。我国华南地区有栽培，北方常温室栽培。喜光，喜暖热多湿气候，耐干旱，忌水湿，不耐寒。

　　叶色明快，为常见的彩叶树种，可栽植于公园、庭园及绿地供观赏；也可盆栽供观赏。

山麻杆

Alchornea davidii Franch.

大戟科山麻杆属落叶丛生灌木，高1～3 m。茎直立，少分枝，常紫红色，有绒毛。单叶互生，圆形或宽卵形，长7～20 cm，宽6～20 cm，先端短尖，基部浅心形，具腺体和2枚线状小托叶，基脉3条；叶柄绿色，长3～9 cm。花单性同株；雄花序穗状，长1.5～3 cm，腋生，萼片3～4，雄蕊6～8；雌花序总状，顶生，萼片3～4，子房密被毛，花柱离生。蒴果球形，被毛。花期3～5月；果期6～7月。

主产于长江流域地区；生于低山丘陵地区灌丛中，生境为冲积河滩或山坡下部坡积物，母岩以砂页岩为主。

早春嫩叶及秋叶紫红色，美观醒目，常植于庭园供观赏；茎皮纤维可作为造纸原料；种子可榨油，供制肥皂；全株可入药。

叶 枝

花序枝

植 株

叶 枝

植 株

树 皮

蝴蝶果

Cleidiocarpon cavaleriei
(Lévl.) Airy-Shaw

　　大戟科蝴蝶果属常绿乔木，高达30 m，胸径约1 m。幼枝被星状毛。单叶互生，叶片椭圆形、长椭圆形或披针形，长6～22 cm，宽1.5～6 cm，先端渐尖，基部楔形，全缘，脉网状；叶柄长0.5～4 cm；托叶钻状，长1.5～2 cm。花单性同株；圆锥花序顶生，花序长10～15 cm，密被灰黄色微星状毛，花淡黄色，无花瓣；苞片长2～4 cm，小苞片长约1 cm；雄花萼片长1.5～2 cm，花丝长3～5 cm，不育雄蕊长0.5～1 cm；雌花副萼长3～5 cm。果核球形，密被星状微绒毛。花期3～4月；果期5～11月。

　　产于广西、贵州、云南等地，华南地区有栽培。喜光，喜暖热气候。

　　树形美观，枝叶茂密，绿荫效果好，花果清雅，是华南城乡绿化的优良树种；种子含油脂、淀粉，可食用。

叶枝

雪花木
Breynia disticha J. R. Forst. et G. Forst.

　　大戟科黑面神属常绿灌木，高1～2 m。茎"之"字形曲折，暗红色，下垂。叶互生，2列状，叶片椭圆形、卵形至倒卵形，长1.5～2.5 cm，先端钝，有短尖，基部斜，全缘；嫩叶白色，后为绿色带白斑纹，老叶绿色。花小，单性同株，绿色，无花瓣；雄花的花萼呈陀螺状，雄蕊3，花丝合生呈柱状；雌花的花萼呈半球形；子房3室，有长柄，花柱3。浆果。花期4～9月；果期5～12月。

　　原产于太平洋岛屿。我国热带地区多有栽培。喜光，喜高温、多湿气候；喜肥沃而排水良好的沙质壤土，不耐干旱和寒冷。

　　植株上有绿白二色叶片，洁净雅致，是优良的观叶植物，适合庭园种植或盆栽供观赏。

植株

地被景观

血桐

Macaranga tanarius (L.) Muell.-Arg.

　　大戟科血桐属常绿灌木或小乔木，高 5～10 m，因枝干受伤后流出的树液红色似血，故而得名。单叶互生，常集生于枝端，叶片盾形、宽卵形或钝三角形，长17～30 cm，先端渐尖，基部浅心形、截形或钝圆，全缘或叶缘具浅波状小齿，表面无毛，背面密生颗粒状腺体，沿脉序被柔毛；掌状脉 9～11 条，侧脉 8～9 对；叶柄长14～30 cm。雌雄异株，黄绿色，无花瓣；雄花排成圆锥花序；雌花序圆锥状。蒴果近球形，直径约 1 cm，有棕色腺点和长软刺。花期 4～5 月；果期 6～7 月。

　　产于福建、台湾、广东等地；生于沿海低山灌木林或次生林中。喜光，喜暖热湿润气候；抗风，耐盐碱，抗大气污染。

　　枝叶茂盛，是温暖地带良好的园林绿化和水土保持树种，为速生树种；木材可作为建筑用材。

花序枝

叶枝

树形

树形

毛桐
Mallotus barbatus (Wall.) Muell.-Arg.

大戟科野桐属落叶小乔木或灌木状。叶互生，叶片三角状卵形或卵状菱形，稀卵形或菱形，长 13～35 cm，宽 12～18 cm，先端渐尖，稍具浅波状小齿，不裂或稍裂，基部圆形或平截形，背面密被星状棉毛和黄色小腺点，基脉 5～7，侧脉 4～5 对。花两性，雌雄异株，总状花序顶生；雄花序长 11～36 cm，苞片线形，苞腋具雄花 4～6 朵；雌花序长 10～25 cm，苞片线形，苞腋具雌花 1(2) 朵。蒴果稀疏，球形，直径 1.3～1.6 cm，密被淡黄色或紫红色皮刺和星状毛，形似绒球；种子卵形。花期 3～4 月；果期 9～10 月。

产于云南、四川、贵州、湖北、湖南、广东、广西等地；生于海拔 400～1300 m 的空旷地或灌丛中。

木材供制作器具；种子油供制作肥皂或润滑油；茎皮为纤维原料。

叶枝

花序枝

漆树科
ANACARDIACEAE

南酸枣

Choerospondias axillaris
(Roxb.) Burtt et Hill

　　漆树科南酸枣属落叶乔木，高达30 m，胸径约 1 m。树皮薄片状剥裂；小枝褐色，无毛。奇数羽状复叶互生，小叶对生，3～6 对；小叶卵形或卵状披针形，长 4～12 cm，宽 2～4.5 cm，先端长渐尖，基部宽楔形或近圆形，全缘，幼树叶缘具锯齿，无毛，侧脉 8～10对。花单性或杂性异株；雄花序腋生或近对生，圆锥状，长 4～10 cm；雌花生于上部叶腋；花萼 5 裂；花瓣 5，覆瓦状排列。核果椭圆形或卵状椭圆形，熟时黄色。花期 4 月；果期 8～10 月。

　　产于我国长江以南及西南地区；生于海拔 2000 m 以下山区。耐干旱瘠薄，不耐寒。

　　冠大荫浓，宜作为庭荫树及行道树，又是速生用材树种；树皮及果可入药；树皮及叶含鞣质，可提制栲胶。

树形

树皮

叶枝

树形

毛黄栌
Cotinus coggygria var. *pubescens* Engl.

　　漆树科黄栌属落叶灌木，为黄栌的变种。小枝被柔毛。单叶互生，叶片宽椭圆形或近圆形，长5～7cm，宽4～6cm，先端圆或微凹，基部圆形或阔楔形，全缘，背面沿中脉及侧脉密生灰色绢状短柔毛，侧脉的毛较少；叶柄长1～4cm。圆锥花序，花杂性，粉红色，不孕花花梗伸长呈羽毛状；花序梗无毛或稍被毛；花萼5裂；雄蕊5；子房近球形，花柱3。果序长5～20cm，有多数不育性花的紫绿色羽毛状细长花梗宿存；核果小，肾形，长3～4mm。花期4月；果期6月。

　　产于贵州、四川、甘肃、陕西、河北南部、山西、河南、湖北、江苏、浙江等地；生于海拔600～1500m山坡疏林、背阴山坡。喜温暖，耐阴，耐干旱瘠薄。

　　为荒山造林及防护林树种；秋叶变红，为园林观赏树种，北京香山的红叶林即由此类树种组成；木材可制作家具，也可提取黄色染料。

树形（秋）

花序枝

叶枝

叶枝

树形

紫叶黄栌

Cotinus coggygria 'Purpureus'

　　漆树科黄栌属落叶灌木或小乔木，为黄栌的栽培变种。叶深紫色，有金属光泽。花序有暗紫色的毛。其他特征同毛黄栌。

　　产于山东、河北、河南、湖北西部。喜光，较耐寒，耐干旱、瘠薄，适应性强。

　　叶紫色，秀丽，可作为庭园观赏树种。

花序枝

果枝

叶 枝

树 皮

树形（秋）

果 枝

青麸杨

Rhus potaninii Maxim.

　　漆树科盐肤木属落叶乔木，高达10 m。树皮灰褐色，粗糙。小枝灰黄色。奇数羽状复叶互生，小叶7～13；叶片卵状长圆形至长圆状披针形，长5～10 cm，宽2～4cm，先端渐尖，基部稍偏斜，近圆形，全缘，两面沿中脉被微柔毛或近无毛；小叶柄短。圆锥花序长10～18 cm，有毛；花小，杂性，带白色；子房球形，被白绒毛，花柱3。核果近球形，直径3～4 mm，密被具节柔毛和腺毛，熟时红色。花期5～6月；果期8～9月。

　　产于河北太行山南部，山西太行山、中条山，以及河南太行山、伏牛山、华中、华东、西南、西北地区也有分布。喜光性树种，耐干旱瘠薄。

　　叶寄生的"五倍子"可入药；茎皮及叶均含鞣质，可提制栲胶；种子可榨油，可供制作肥皂和润滑油用。

红麸杨

Rhus punjabensis var. *sinica* (Diels) Rehd. et Wils.

　　漆树科盐肤木属落叶乔木，高 7～12 m；树皮灰褐色。小枝被有短柔毛。奇数羽状复叶互生，小叶 3～6 对；小叶片长圆形或长圆状披针形，长 5～12 cm，宽 2～5 cm，先端渐尖或长渐尖，基部圆形或近心形，全缘，背面疏被柔毛或脉上被毛，侧脉约 20 对；小叶无柄。花小，杂性，白色；圆锥花序顶生，长 15～20 cm；花萼被微柔毛；花瓣长圆形，长约 2 mm；花盘紫红色；子房 1 室。核果球形，直径约 4 mm，被柔毛和腺毛，熟时紫红色。花期 5 月；果期 9～10 月。

　　产于云南、贵州、湖南、湖北、陕西、甘肃、四川、西藏东南部；生于海拔 3000 m 以下山区灌丛中。

　　可作为行道树和庭荫树；可放养"五倍子"蚜虫，其虫瘿称"肚倍"，可入药；叶及茎皮可提制栲胶；种子可榨油，供工业用；木材可制作家具和农具。

树 形

叶 枝

树形

野漆树
Toxicodendron succedaneum (L.) O. Kuntze

漆树科漆树属落叶乔木，高达10 m；树皮暗灰色。小枝粗壮无毛。奇数羽状复叶互生，多集生于枝顶，长15～25 cm；小叶7～15，叶片长圆状椭圆形至卵状披针形，长5～10 cm，宽1.5～3.5 cm，先端尾尖，全缘，两面无毛，背面具白粉。圆锥花序腋生，长5～11 cm，为复叶长的一半，无毛；杂性花，黄绿色，直径约2 mm，萼片、花瓣、雄蕊均5。核果斜菱状圆形，淡黄色。花期5～6月；果期8～9月。

产于河北、河南、长江以南等地；生于海拔1500 m以下的山坡、沟谷林中。

果肉可提取漆蜡，供制蜡烛、蜡纸等用；种子可榨油，可制作肥皂和油漆；树干可割漆；叶及树皮可提制栲胶；根、叶及果可入药。

肥枝

叶枝

冬青科
AQUIFOLIACEAE

苦丁茶
Ilex kudingcha C. J. Tseng

冬青科冬青属常绿乔木，高达 20 m，胸径约 65 cm；树皮赭黑色或灰黑色，粗糙，有浅裂。小枝粗，无毛。叶螺旋状互生，厚革质，叶片长圆状椭圆形或倒披针状椭圆形，长 12～35 cm，宽 6～11 cm，先端短渐尖或钝，基部楔形，下延，具锯齿，表面中脉深凹，侧脉 10～15 对；叶柄长 1.3～2.4 cm。圆锥状聚伞花序簇生，总轴长约 1.5 cm；雌雄异株；雄花序 1～3，雌花序则仅有 1 朵花；苞片卵形，多数；萼 4 裂；花瓣 4，椭圆形。核果球形，成熟后红色。花期 4～5 月；果期 10 月。

产于广东、海南、广西、云南、湖北、湖南等地；生于海拔 800 m 以下常绿阔叶林中。

苦丁茶中含有苦丁皂苷、氨基酸、维生素 C、多酚类、黄酮类、咖啡因、蛋白质等 200 多种成分，为我国传统的纯天然保健饮料佳品。

树形

大叶冬青

Ilex latifolia Thunb.

冬青科冬青属常绿乔木，高达 20 m，胸径约 60 cm。树皮黑褐色，浅裂，全体无毛。小枝粗而有纵棱。叶互生，厚革质，长圆形或卵状长圆形，长 8～17 cm，宽 4.5～7.5 cm，先端钝或短渐尖，基部圆形或宽楔形，具疏锯齿；叶柄粗短，长 15～20 mm。雌雄异株，圆锥状聚伞花序，4 数；雄花序每一分枝有 3～9 朵花成聚伞状，花萼壳斗状，花瓣卵状长圆形，长约 3.5 mm；雌花序每一分枝有 1～3 朵花，花萼直径约 3 mm，花瓣卵形，长约 3 mm。核果球形，直径约 7 mm，红色。花期 4 月；果期 11 月。

产于长江下游至华南地区；生于海拔 500～1000 m 山区阔叶林中。耐阴，不耐寒。

树姿优美，绿叶红果，颇为美丽，宜作为园林绿化及观赏树种；嫩叶可代茶。

树形

叶枝

果枝

树皮

树形

花序枝

冬青

Ilex purpurea Hassk.

　　冬青科冬青属常绿乔木，高达 13 m，胸径约 30 cm；树皮淡灰色至暗灰色，平滑。小枝浅绿色，各部无毛。叶互生，革质，椭圆形或长圆状椭圆形，长 5 ～ 11 cm，宽 2 ～ 4 cm，先端渐尖，基部楔形，缘有锯齿，侧脉 6 ～ 9 对；叶柄长 5 ～ 15 mm。雌雄异株；雄花紫红色或淡紫色，7 ～ 15 朵排成三或四回二歧聚伞花序，4 ～ 5 基数，花萼近钟形，花冠长约 2.5 mm；雌花 3 ～ 7 朵排成一或二回二歧聚伞花序，与雄花相似。核果椭圆形，长 6 ～ 10 mm，光亮，深红色。花期 4 ～ 5 月；果期 11 ～ 12 月。

　　产于长江流域及以南地区。喜光，稍耐阴，喜温暖气候及肥沃的酸性土壤，不耐寒；萌芽力强，生长慢。

　　绿叶长青，秋冬红果累累，经冬不落，是优良的观赏树种，宜作为庭园观赏树及绿篱。

卫矛科
CELASTRACEAE

扶芳藤

Euonymus fortunei (Turcz.) Hand.-Mazz.

卫矛科卫矛属常绿藤本，茎匍匐或攀缘，长可达 10 m。枝密生小瘤状突起，并能随处生多数细根。单叶对生，革质，叶片长卵形至椭圆状倒卵形，长 2～7 cm，宽 1.5～4 cm，先端尖或短渐尖，基部宽楔形，边缘有细钝锯齿，表面光绿色带紫色，背面淡绿色，两面光滑；叶柄长 4～8 mm。花两性；聚伞花序腋生，花序梗长 4～6 cm，花绿白色，花 4；萼片半圆形，花瓣卵形，雄蕊着生于花盘边缘，花柱柱状。蒴果近球形，淡红色或黄红色，常具 4 浅沟，直径达 10 mm；种子卵形，假种皮橘红色。花期 6～7 月；果期 10 月。

产于山西、陕西及华中、华东、华南、西南等地区。喜阴，喜温暖，不耐寒。

叶色油绿光亮，入秋红艳可爱，可作为园林攀缘植物；茎藤可入药。

地被景观

叶枝

植株

叶枝（秋）

植株（秋）

革叶卫矛
Euonymus fertilis (Loes.) C. Y. Cheng

　　卫矛科卫矛属落叶灌木或小乔木，高达7 m。单叶对生，厚革质，叶片窄倒卵形或窄椭圆形，长4～20 cm，宽3～6 cm，先端渐尖或长渐尖，边缘在中部以上常有粗锐疏齿，齿端具黑色腺点；叶柄长约1 cm。花两性；聚伞花序常具3朵花，常多数集生于新枝基部，花序梗长0.5～2 cm；花直径达2 cm，黄白色，4基数；花萼常为深红色；花瓣圆形，花盘扁方，肥大；雄蕊无花丝；子房大部与花盘合生，无花柱。蒴果4深裂，裂瓣横展；种子有盔状橙红色假种皮。花期4～7月；果期7～10月。

　　产于湖北、四川、贵州等地；生于山中林荫或沟边阴湿处。

　　可作为园林绿化及观赏树种，也可制作盆景；枝、叶及果可入药。

叶枝

省沽油科
STAPHYLEACEAE
省沽油

Staphylea bumalda DC.

省沽油科省沽油属落叶灌木，高3～5 m；树皮灰褐色。3小叶复叶对生；小叶椭圆形或椭圆状卵形，长3～8 cm，宽1～4 cm，先端渐尖或尾尖，基部楔形，有时歪斜，边缘锯齿锐尖，表面疏生短柔毛，背面沿脉有毛；总柄长3～8 cm，顶生小叶柄长0.5～1 cm，两侧小叶柄长1～2 mm。花两性，圆锥花序顶生，花白色，萼片5，花瓣5，雄蕊5，雌蕊通常由2心皮构成。蒴果肿胀，2裂，果皮膜质，长1.5～2.5 cm；种子扁椭圆形，黄色，有光泽。花期5～6月；果期8～9月。

产于我国东北、华北及陕西、湖北、安徽、江苏、浙江、四川等地；生于疏林内或灌丛中。

为很好的木本油料树种；蒴果膨大美观，可于庭园栽培供观赏；花和嫩叶可食用；根及果可入药；种子榨油，可制作肥皂及油漆；茎皮纤维可为工业原料。

树形

叶枝

果枝

茶茱萸科
ICACINACEAE

琼榄

Gonocaryum lobbianum
(Mies) Kurz

　　茶茱萸科琼榄属常绿小乔木，高达 10 m；树皮灰色。小枝无毛。单叶互生，革质，长椭圆形或宽椭圆形，长 9 ～ 20 cm，宽 4 ～ 10 cm，先端渐尖，基部宽楔形或近圆形，一侧偏斜，全缘，无毛，侧脉 5 ～ 6 对；叶柄粗壮，长约 12 cm。花杂性异株；雄花为短穗状花序；雌花和两性花为总状花序。核果椭圆形至长椭圆形形，熟时紫黑色。花期 1 ～ 4 月；果期 3 ～ 10 月。

　　产于海南、云南；生于海拔 500 ～ 1800 m 的山谷密林中。

　　种子油可用于制作肥皂、润滑油。

树 形

树 皮

叶 枝

槭树科
ACERACEAE

樟叶槭
Acer cinnamomifolium
Hayata

　　槭树科槭属常绿乔木，高达20 m。树皮淡黑褐色或淡黑灰色。幼枝淡黄褐色或淡紫褐色，有绒毛。叶对生，革质，长圆状宽椭圆形或长圆状椭圆形，长7～12 cm，宽4～5 cm，先端短渐尖，基部钝圆，全缘，表面绿色，背面淡灰绿色，有白粉和绒毛；羽状脉，侧脉3～4对，基部一对侧脉较长；叶柄长1.5～3.5 cm。雄花与两性花同株或异株，伞房花序顶生，萼片5，花瓣5，有绒毛。翅果淡黄色，长2.8～3.2 cm，翅成锐角或直角。花期4～5月；果期7～9月。

　　产于我国东南部至湖南、贵州等地；生于海拔300～1200 m的阔叶林中。喜湿润气候，耐半阴，不耐寒。

　　树姿优美，四季常绿，耐修剪，在上海、杭州等地常作为盆景栽培供观赏。

树形

叶枝

果 枝

小紫果槭

Acer cordatum var.
microcordatum Metc.

　　槭树科槭属常绿乔木,为紫果槭的
变种,高达10 m;树皮灰色或淡黑色。
叶对生,卵状长圆形,长3.5～7 cm,
宽4～5 cm,先端渐尖,基部近心形,
近先端有疏锯齿。雄花与两性花同株或
异株,伞房花序顶生,总花梗淡紫色,
花瓣白色或淡黄白色。翅果嫩时紫色,
熟时黄褐色。花期4月下旬;果期9月。
　　产于浙江南部、福建、江西东南部、
广东、广西东北部;生于低海拔疏林中。
　　可用于造林、保持水土或栽培供
观赏。

叶 枝

树 形

树 形

叶 枝

树 皮

罗浮槭

Acer fabri Hance

　　槭树科槭属常绿乔木，高达 10 m。树皮灰褐色或灰黑色。单叶对生，披针形至长椭圆状披针形，长 7～11 cm，宽 2～3 cm，先端渐尖或短渐尖，基部楔形，全缘。雄花与两性花同株或异株；花序伞房状或圆锥状；花萼紫色，萼片 5；花瓣 5，白色，倒卵形。翅果嫩时紫色，熟时黄褐色或淡褐色，长 3～3.4 cm。花期 3～4 月；果期 9 月。

　　产于我国华中至华南北部、西南部；生于海拔 500～1500 m 的疏林中。

　　嫩叶淡紫红色，秋季鲜红色，翅果自幼至成熟均为紫红色，是观果、观叶的优良树种，可植于庭园供观赏或栽植作为行道树。

果 枝

树 形

建始槭

Acer henryi Pax

　　槭树科槭属落叶小乔木，高达 10 m；树皮浅褐色。羽状复叶由 3 小叶组成；小叶椭圆形或长圆状椭圆形，长 6～12 cm，宽 3～5 cm，先端渐尖，基部楔形、宽楔形或近圆形，全缘或近先端具 3～5 疏钝齿，顶生小叶柄长约 1 cm，侧生小叶柄长 3～5 mm，被柔毛，小叶下面被毛，侧脉 11～13 对；总叶柄长 4～8 cm，被柔毛。总状花序，下垂，长 7～9 cm，有短柔毛；花杂性异株；萼片 4，卵形；无花瓣及花盘。翅果，熟时黄褐色，长 2～2.5 cm，翅成锐角近直立。花期 4 月；果期 9 月。

　　产于山西南部、河南、陕西、甘肃、江苏、浙江、安徽、湖北、湖南、四川、贵州等地；生于海拔 500～1500 m 的疏林中。

　　叶秋季变为亮橙色和鲜红色，可作为园林绿化树种；木材可制作家具和器具；根、皮可入药。

金叶复叶槭 *Acer negundo* 'Auratum'

槭树科槭属落叶乔木，为复叶槭的栽培变种。树高达20 m。小枝光滑，常被白色蜡粉。羽状复叶对生，小叶3～7；叶片椭圆状披针形，长5～10 cm，先端渐尖，基部楔形或宽楔形，缘有不整齐粗锯齿；叶春季金黄色，后逐渐变为黄绿色，叶背面平滑。花单性，雌雄异株；花先叶开放，雌花呈下垂总状花序，雄花成下垂伞房花序，均侧生；无花瓣；无花盘。翅果长3～3.5 cm，两果翅展开成锐角。花期4～5月；果期9月。

原产于北美洲。我国华北、东北、华中、华东地区有栽培。喜光，耐半阴，耐寒；喜湿润、肥沃、排水良好的土壤。

春季叶色金黄，是优良的庭园观赏树、行道树。

树形

雄花序枝

叶枝

树形（复）

树皮

叶 枝

树 形

金边复叶槭
Acer negundo 'Aureo-marginatum'

　　槭树科槭属落叶乔木，为复叶槭的栽培变种。叶边缘金黄色。

　　其他同金叶复叶槭。

花序枝

叶 枝

银边复叶槭
Acer negundo 'Variegatum'

　　槭树科槭属落叶乔木，为复叶槭的栽培变种。
叶亮绿色，叶缘有不整齐的白色斑块。
　　其他同金叶复叶槭。

树 形

果 枝

七叶树科
HIPPOCASTANACEAE

日本七叶树

Aesculus turbinata Bl.

七叶树科七叶树属落叶乔木，高达 30 m，胸径约 2 m。小枝淡绿色，幼时有短柔毛。掌状复叶对生，小叶 5～7；小叶无柄，倒卵状长椭圆形，长 20～35 cm，先端短急尖，基部楔形，边缘有不整齐重锯齿，背面略有白粉，脉腋有褐色簇毛。花杂性同株；圆锥花序直立顶生，长 15～25(45) cm；花较小，直径约 1.5 cm，花瓣 4 或 5，白色或淡黄色，有红斑。蒴果近梨形，直径约 5 cm，褐色，顶端常突起，果皮常有疣状突起。花期 5～6 月；果期 9 月成熟。

原产于日本。我国上海、青岛、北京等地有引种栽培。性强健，耐寒，喜光，不耐旱。

树姿雄伟，冠大荫浓，花序美丽，可作为行道树和庭荫树；木材细密，可作为家具、建筑及室内装饰用材。

树形（秋）

叶枝

树皮

无患子科 SAPINDACEAE

龙眼

Dimocarpus longan Lour.

　　无患子科龙眼属常绿乔木，高10 m以上，具板根；树皮粗糙，波片状剥落。幼枝被星状毛。偶数羽状复叶互生，小叶4～5对，很少3对或6对；小叶长椭圆状披针形，长6～17 cm，宽2.5～5 cm，先端渐尖，基部稍歪斜，全缘，表面侧脉明显。花杂性同株；圆锥花序顶生或腋生；花小，花瓣5，黄白色。核果近球形，直径1.2～2.5 cm，熟时果皮较平滑，黄褐色；种子茶褐色，光亮。花期3～4月；果期7～9月。

　　产于广东、海南、广西、福建、台湾、四川等地。稍耐阴，喜暖热湿润气候。

　　华南地区的重要果树；种子外面的假种皮味甜可食；果核、根、叶及花可入药；木材坚重，极耐腐，可作为舟、车、器具等用材。

树 皮

叶 枝

花序枝

树 形

叶 枝

复羽叶栾树

Koelreuteria bipinnata Franch.

　　无患子科栾树属落叶乔木，高20 m以上；树皮暗灰色。小枝灰色，有短柔毛，皮孔密生。二回羽状复叶互生，总叶轴密生绢状灰色短柔毛；小叶9～17，互生，很少对生；小叶纸质或近革质，长3.5～7 cm，宽2～3.5 cm，先端短渐尖，基部圆形，边缘有内弯的不整齐锯齿，背面密被短柔毛；小叶柄短，长2～3 mm。杂性花；圆锥花序顶生，长35～70 cm；萼5裂达中部；花瓣4，长圆状披针形，黄色；雄蕊8；子房三棱状长圆形。蒴果卵形，具3棱，淡红色，长约4 cm。种子圆形，黑色。花期7～9月；果期8～10月。

　　产于我国西南等地区；多生于海拔300～1900 m的干旱山地疏林中。

　　夏日开黄花，秋日结红果，可作为园林绿化树种；根可入药，又可提取黄色染料；木材可制作家具；种子油为工业原料。

树 形

果 枝

鼠李科
RHAMNACEAE

卵叶鼠李
Rhamnus bungeana J. Vass.

　　鼠李科鼠李属落叶灌木，高达2m。小枝对生或近对生，灰褐色，光滑无毛；顶端具刺。叶对生或近对生，稀兼互生或在短枝上簇生；叶片纸质，卵形、卵状披针形或卵状椭圆形，长1～4cm，宽0.4～2cm，先端钝，基部圆形或楔形，边缘具细锯齿，表面绿色，背面淡绿色，侧脉2～4对；叶柄长5～15mm；托叶钻形，宿存。花常数个簇生于短枝或单生于叶腋；花小，黄色，单性，雌雄异株，4基数；萼片三角状卵形；花瓣小；花梗长，2～6mm；雌花柱头2浅裂。核果倒卵状球形或球形，宽5～6mm，长7～8mm，具2分核，基部有宿存的萼筒，熟时黑色。花期4～5月；果期6～9月。

　　产于吉林、北京、天津、河北、山东、河南及湖北等地；生于山坡灌丛中。

　　叶及树皮可作为绿色染料；也是水土保持树种。

叶 枝

植株

果 枝

树 形

果 枝

滇刺枣

Ziziphus mauritiana Lam.

　　鼠李科枣属常绿乔木或灌木，高达15 m。幼枝被黄灰色密绒毛，老枝紫红色，有2个托叶刺，1个斜上，另一个钩状下弯。叶互生，厚纸质，卵形、矩圆状椭圆形，长2.5～6 cm，宽1.5～4.5 cm，先端圆形，基部近圆形，边缘具细锯齿，表面深绿色，背面被黄白色绒毛，基出3脉；叶柄长5～13 mm。花黄绿色，两性，5基数，二歧聚伞花序；萼片卵状三角形；花瓣矩圆状匙形；雄蕊与花瓣近等长。核果矩圆形或球形，长10～12 mm，直径约10 mm，熟时黑色。花期8～11月；果期9～12月。

　　产于云南、四川、广东、广西等地；生于海拔1800 m以下的山坡、丘陵、河边湿润林中或灌丛中。

　　可作为园林绿化树种；叶和树皮可入药；木材坚韧、质地细腻，可用于制作农具、家具等。

冬态枝

树皮

叶枝

树形

龙爪枣

Ziziphus zizyphus (L.) Meikle
var. *tortuosa* Hort

　　鼠李科枣属落叶乔木，为枣的变种，高达
15 m；树皮褐色或灰褐色，浅纵裂。小枝卷曲如
蛇游状，无刺。叶互生，叶片卵形、卵状椭圆形
或卵状长圆形，长 3～7 cm，宽 1.5～4 cm，
先端钝尖，基部近圆形或宽楔形，具钝圆齿，两
面无毛或背面沿脉稍被疏微毛，基生三出脉；叶
柄长 1～6 mm。花单生或聚伞花序腋生，具总
花梗；花两性，黄绿色，5 基数；萼片卵状三角
形或三角形；花瓣倒卵状圆形；花盘 5 裂。核果
球形或长圆形，具小尖头，果实较小而质差。花
期 5～10 月；果期 8～9 月。

　　产于我国东北南部、黄河及长江流域。喜光，
适应性强，喜干冷气候，也耐湿热，对土壤要求
不严。

　　花芳香，花期长，为优质蜜源植物，可栽培
供观赏。

葡萄科
VITACEAE
乌头叶蛇葡萄
Ampelopsis aconitifolia Bge.

　　葡萄科蛇葡萄属落叶木质藤本，长6～7 m；茎皮灰褐色，具细棱。枝细长，少分枝，浅灰色，嫩枝略呈紫红色；卷须与叶对生，2分叉。掌状复叶互生，宽卵形，小叶5；叶片披针形或菱状披针形，长4～7 cm，常羽状深裂至中脉，裂片有窄齿或全缘，先端锐尖，基部楔形，叶缘有粗齿，中央小叶较大，表面深绿色，背面浅绿色，无毛或幼时背面脉上疏生毛。二歧聚伞花序与叶对生，具长梗，长2～5 cm；花小，两性，黄绿色；萼不明显；花瓣5，雄蕊5，对生。浆果球形，直径约6 mm，熟时橙黄色至黄色，有斑点。花期5～6月；果期7～9月。

　　产于我国华北、西北等地。喜光及湿润，常见于阳坡灌丛中。

　　可作为园林绿化树种，是优美、轻巧的棚荫材料；根可入药。

桂林

叶枝

果枝

杜英科
ELAEOCARPACEAE

长芒杜英

Elaeocarpus apiculatus Mast.

杜英科杜英属常绿乔木，高达30 m，胸径约2 m；树皮灰色。叶聚生于枝顶，革质，叶片倒卵状披针形，长11～20 cm，宽5～7 cm，先端钝，基部窄而钝，表面深绿色而发亮，背面初有毛，后无毛，全缘，或上半部有小钝齿，侧脉12～14对；叶柄长1.5～3 cm。总状花序生于枝顶叶腋内，长4～7 cm；花两性；萼片6；花瓣6，白色，倒披针形，长约1.3 cm；雄蕊45～50；花盘5裂；子房3室，花柱长约9 mm。核果椭圆形，长3～3.5 cm，有褐色茸毛。花期8～9月；果实在冬季成熟。

产于云南南部、广东和海南等地；生于低海拔山谷。

树冠圆整，枝叶稠密而部分叶色深红，红绿相间，花洁白芳香，是优良的木本花卉、园林风景树和行道树；木材纹理直，结构细，可作为家具、建筑等用材。

花序枝

树皮

叶枝

树形

树 皮

树 形

果 枝

叶 枝

水石榕

Elaeocarpus hainanensis Oliv.

　　杜英科杜英属常绿小乔木。嫩枝无毛。叶互生，狭披针形至狭倒披针形，长 10～15 cm，宽 1.5～3 cm，先端渐钝尖，基部窄楔形，侧脉 14～16 对，缘有锯齿。花两性；数朵组成短总状花序，腋生，下垂；苞片大，宿存；花大，直径 3～4 cm，白色；萼片披针形，与花瓣近等长；花瓣倒卵形，顶端细裂；雄蕊多数；子房无毛。核果纺锤形，长 2～3 cm。花期 5～7 月；果熟期秋季。

　　产于海南、广西南部和云南东南部；多生于山谷阴湿处。喜湿热气候。

　　枝叶茂密，花大而洁白美丽，在华南地区可植于庭园供观赏。

树 形

叶 枝

林地景观

锡兰杜英

Elaeocarpus serratus L.

杜英科杜英属常绿小乔木，高达 10 m。叶互生，单质，椭圆形至披针形，长 10～19 cm，宽 4～8 cm，先端锐尖，基部钝，表面有光泽，缘有疏锯齿，侧脉 6～8 对；老叶艳红。花两性，淡黄绿色；总状花序腋生或顶生；萼片卵形；花瓣先端成粗壮分裂；雄蕊 20～35；子房 3 室。核果卵形，长约 3 cm，外形极似橄榄。花期 4～6 月；果期 12 月至翌年 1 月。

原产于印度及斯里兰卡。我国华南地区有少量栽培。

树干通直，树姿优雅，可作为公路、街道两旁的行道树；果实可食。

树 皮

猴欢喜

Sloanea sinensis (Hance) Hemsl.

杜英科猴欢喜属常绿乔木，高达 20 m，胸径约 80 cm；树皮灰白、灰色至灰黑褐色，稍粗糙。小枝褐色，无毛。叶互生，聚生小枝上部，坚纸质；叶片窄倒卵形、椭圆状倒卵形或椭圆形，长 5～12 cm，宽 3～5 cm，先端骤渐尖，基部楔形或稍圆形，全缘或中上部边缘有锯齿，无毛，侧脉 5～7 对；叶柄长 1～4 cm，顶端变粗。花两性，数朵生小枝顶端或上部叶腋，绿白色，下垂；萼片 4，卵形；花瓣比萼片稍短，上部浅裂；雄蕊多数；子房密生短毛。蒴果木质，卵球形，刺毛密，熟时鲜红色。花期 5～6 月；果期 10 月。

产于我国长江以南地区；生于海拔 500～1500 m 阔叶林中。喜温暖湿润气候及深厚、湿润、肥沃的酸性土壤，稍耐阴。

木材是栽培食用菌的优良原料；果实外的刺毛红艳美丽，可植于庭园供观赏。

树形

叶枝

叶枝

椴树科
TILIACEAE

欧洲大叶椴
Tilia platyphyllos Scop.

　　椴树科椴树属落叶乔木，高达 32 m；树皮灰褐色，浅纵裂。小枝幼时具柔毛。单叶互生，圆卵形，长 6～12 cm，先端突短尖，基部斜心形或斜截形，边缘锯齿有短刺尖，表面沿脉有白毛，背面有黄褐色柔毛，中脉及脉腋毛尤多；叶柄长 1.5～5 cm，具柔毛。花两性；聚伞花序下垂，具 3 朵花，稀 4～6 朵花；苞片倒披针形，长 5～12 cm，宽 1～1.5 cm；萼片 5，卵状披针形；花瓣 5，黄白色，倒披针形；雄蕊约 50；子房 5 室，有白色绒毛，柱头 5 浅裂。小核果近球形，长 8～10 mm。花期 6 月；果期 9 月。

　　原产于欧洲。我国青岛、北京等地有引种栽培。喜凉爽湿润气候。

　　树冠半球形，叶大荫浓，花黄白色，是优良的庭荫树和行道树；木材可作为家具及室内装饰等用材；为良好的蜜源植物。

树形

树 形

金叶大叶椴
Tilia platyphyllos 'Aurea'

　　椴树科椴树属落叶乔木，为欧洲大叶椴
的栽培变种。叶色金黄。其他同欧洲大叶椴。
　　树姿优美，树冠半球形，为优良的园林
景观树种。

叶 枝

果 枝

锦葵科
MALVACEAE
高红槿
Hibiscus elatus Swartz

锦葵科木槿属常绿乔木，高达5m。幼枝被白霜，平滑无毛。单叶互生，叶片圆心形，长10～16cm，宽14～18cm，先端短渐尖，基部心形，全缘至有短齿，表面疏被星状柔毛，渐变无毛，背面被灰色星状绒毛；叶柄长4～9cm，被白霜和疏柔毛；托叶长圆形，被毛，早落。花两性，单生于叶腋或顶生，有托叶状苞片2；小苞片10～12，披针形，长约2.5cm，在4/5处合生成筒状，密被星状细绒毛；花萼5，长3.5～4cm，两面均密被细绒毛，常早落；花大，钟状，红色，直径约10cm，花瓣5，倒卵状匙形、长圆状匙形或宽倒卵形，长9～10cm，两面均被星状柔毛。果未见。

原产于西印度群岛。我国广东、福建有引种栽培。

株形美观，花美丽，可植于公园、绿地、风景区作为风景树或庭荫树。

树形

花枝

树皮

叶枝

黄槿 *Hibiscus tiliaceus* L.

　　锦葵科木槿属常绿灌木或小乔木，高达10 m；树干灰色无毛，纵裂。单叶互生，叶片广卵形或近圆形，革质，长7～15 cm，先端急尖，基部心形，全缘或微波状，表面疏被星状毛，背面浅灰白色，密被茸毛和星状毛，叶表面有盐腺体排出的盐分，基脉7～9；叶柄长3～8 cm；托叶叶状，长圆形，长约2 cm，疏被星状柔毛。花两性；聚伞花序；花梗长4～5 cm，基部有1对托叶状苞片；小苞片7～10，条状披针形，中部以下联合成杯状；花萼长1.5～2.5 cm；花钟状，黄色，内面基部暗紫色。蒴果卵圆形。花期6～8月。

　　产于台湾、广东、海南、福建等地；生于沿海沙地、河流两岸。

　　为海岸固沙防风及固堤树种；木材可作为建筑、造船、家具等用材。

花序枝

果枝

树形

树皮

木棉科
BOMBACACEAE

美丽异木棉

Ceiba speciasa (A. St. Hil.)
Gibbs et Semir

　　木棉科异木棉属落叶乔木，高 10～15 m；树干下部膨大，幼树树皮浓绿色，密生圆锥状皮刺。侧枝放射状水平伸展或斜向伸展。掌状复叶互生，有小叶 5～9；小叶椭圆形，长12～14 cm。花两性，大而美丽，辐射对称；花单生于枝顶叶腋，花冠淡紫红色，中心白色；花瓣 5，反卷，花丝合生成雄蕊管，包围花柱；子房上位，5 室，胚珠多数，花柱线形。蒴果椭圆形。花期 10 月至翌年 3 月；种子次年春季成熟。

　　原产于南美洲。我国广东、福建、广西、四川、云南、海南等地有栽培。

　　树冠伞形，叶色青翠，成年树树干呈酒瓶状，冬季盛花期满树姹紫，秀色照人，是优良的观花乔木，是庭院绿化和美化的优良树种。

果枝

果枝

树形

树皮

梧桐科
STERCULIACEAE

梧罗树

Reevesia pubescens Mast.

梧桐科梧罗树属常绿乔木，高达
26 m；树皮灰褐色，具纵裂。幼枝被星
状毛。叶互生，叶片卵状长椭圆形，长
7～12 cm，先端渐尖，基部楔形、圆
形或心形，全缘。聚伞状伞房花序顶生，
花两性；花瓣白色，条状匙形。蒴果木
质，梨形，具5棱。花期5～6月；果
期9～10月。

产于海南、广西及西南地区，南京、
上海有栽培；生于海拔400～2500 m
的山区疏林中。

树干通直，枝繁叶茂，花序大而繁
密，花期十分醒目，在长江以南地区可
作为行道树、庭荫树栽培供观赏。

树形

叶枝

树皮

叶 枝

树 形

花序枝

树 皮

果 林

行道树景观

假苹婆 *Sterculia lanceolata* Cav.

梧桐科苹婆属常绿乔木，高达 10 m；树皮粉灰白色，粗糙。幼枝被毛。叶互生，叶片长椭圆形至披针形，长 9～20 cm，先端尖，基部楔形或稍圆形，全缘。圆锥花序长 4～10 cm；花杂性，无花冠；花萼淡红色，深裂至基部。蓇葖果鲜红色。花期 4～5 月；果熟期秋季。

产于我国华南及西南地区。

树冠广阔，树姿优雅，红果鲜艳奇特，在我国华南园林绿地中常见栽培。

苹婆 *Sterculia nobilis* Smith

梧桐科苹婆属常绿乔木，高达 10 m；树皮褐黑色。小枝幼时疏被星状毛。叶互生，薄革质，叶片矩圆形或椭圆形，长 8～25 cm，宽 5～15 cm，顶端急尖或钝，基部浑圆或钝，侧脉 8～10 对；叶柄长 2～3 cm。圆锥花序下垂，长 8～12 cm；花杂性，无花冠；花萼粉红色，5 裂至中部，长约 1 cm；裂片三角状条形，长约 5 mm，被短柔毛；雄花较多，雌雄蕊柄弯曲；雌花较少，略大，子房具柄，5 室，花柱弯曲。蓇葖果鲜红色，厚革质，矩圆状卵形，长约 5 cm，宽 2～3 cm，顶端有喙；种子椭圆形或矩圆形，黑褐色，直径约 1.5 cm。花期 4～5 月，10～11 月常可见少数植株第二次开花。

产于广东、广西的南部、福建东南部、云南南部和台湾等地。喜排水良好的肥沃的土壤。

树冠浓密，可作为庭荫树和行道树；种仁可食；种子及果壳可入药。

树 形

叶 枝

花序枝

果 枝

树 皮

叶 枝

非洲芙蓉
Dombeya calantha K. Schum

梧桐科非洲芙蓉属常绿中型灌木或小乔木，最高可达 15 m。树冠圆形，枝叶密集，棕色。单叶互生，叶片心形，叶缘具钝锯齿，叶面质感粗糙，掌状脉 7 ～ 9，被柔毛。花两性；伞形花序从叶腋间伸出，一个花序可包含 20 多朵粉红色的小花；花瓣 5，有一白色星状雄蕊及多枝雌蕊围绕。冬季开花，花期 12 月至翌年 3 月。

原产于非洲。我国广州有栽培。喜阳光；喜肥沃、湿润的土壤，不抗风，在半日照或全日照等地均生长迅速，可耐 −2℃低温。

花形甚美而且浓密，具极高观赏价值，适宜庭院栽植；为蜜源植物。

植 株

花序枝

叶枝

树形

瓶干树

Brachychiton rupestris (Lindl.) Schum.

梧桐科瓶干树属常绿乔木，高达 12 m，胸径 1 m 以上；树干粗壮，中部膨大，呈瓶子状，灰褐色。叶条形，长 6～10 cm，宽约 1 cm，不裂或掌状 5～7 深裂。花浅黄色钟形，簇生于叶间；总状花序生长在枝端。蓇果。

原产于澳大利亚昆士兰。我国华南地区一些城市有栽培。喜光，喜温暖湿润气候，不耐寒。

树干膨大，似酒瓶，形状奇特，适宜作为庭园树、行道树。

树形

五桠果科 DILLENIACEAE

大花五桠果

Dillenia turbinata Finet et Gagnep.

五桠果科五桠果属落叶乔木，高达 25 m；嫩枝被锈褐色绒毛。叶互生，革质，叶片倒卵形或长椭圆形，长 12～30 cm，宽 7～14 cm，先端圆或钝尖，基部楔形，缘具波状钝齿，背面被灰褐色柔毛，侧脉 15～25 对；叶柄长 2～6 cm，有窄翅，被毛。花两性；总状花序顶生，花 3～5 朵，无苞片；萼片厚肉质，卵形，长 2.5～4.5 cm，宽 2～3 cm，被褐色毛；花瓣黄色或淡红色，倒卵形，长 5～7 cm。聚合浆果近球形，直径 4～5 cm，暗红色。花期 4～5 月；果期 6～7 月。

产于云南南部、广西南部及海南，华南部分城市有栽培；喜生于河岸阶地、沟旁阴湿环境。喜光，耐半阴，喜暖热湿润气候；喜深厚、肥沃而排水良好的土壤。

树冠浓密，树干通直，花大而美丽，在我国华南地区可作为园林绿化及观赏树种；果熟时酸甜可食。

叶 枝

树 皮

花序枝

树 形

猕猴桃科
ACTINIDIACEAE

狗枣猕猴桃

Actinidia kolomikta
(Maxim. et Rupr.) Maxim.

猕猴桃科猕猴桃属落叶木质藤本，长达4 m。单叶互生，叶片宽卵形或长圆状卵形，长6～15 cm，宽5～10 cm，质较薄，先端尖或短渐尖，基部心形，两侧不对称，缘有重锯齿，叶表面常有白斑，后渐变为紫红色；侧脉6～8对；叶柄长2.5～5 cm。花单性异株或杂性；花单生于叶腋，雄花序具3朵花；雌花或两性花单生；花白色或粉红色，花萼5，花瓣5，花药黄色。浆果卵状椭圆形，淡黄绿色。花期夏季；果期9～10月。

产于我国东北、河北、陕西、湖北、江西、四川、云南等地；生于海拔800～1500 m的山区林内或灌丛中，耐寒性较强。

宜植于庭园作为垂直绿化材料。

植 株

叶 枝

花序枝

植 株

棚架景观

叶 枝

葛枣猕猴桃

Actinidia polygama (Sieb. et Zucc.) Maxim.

猕猴桃科猕猴桃属落叶木质藤本，长4～6 m；小枝近无毛。单叶互生，叶片卵形或椭圆状卵形，长5～14 cm，宽4.5～8 cm，先端短渐尖或渐尖，基部圆形或楔形，具细锯齿，表面疏被糙伏毛，侧脉7对；叶柄长1.5～3.5 cm。花单性异株或杂性；花序具1～3朵花，腋生，薄被绒毛；花白色，直径2～2.5 cm；萼片5，花药黄色。浆果，果熟时淡橘红色，卵球形或柱状卵球形，长2.5～3 cm。花期6～7月；果期9～10月。

产于我国东北、西北、西南地区及湖北、山东、河北等地；生于海拔1900 m以下的山区林中。

部分叶为白色，美丽可爱，故可植于庭园供观赏；果可鲜食和入药。

参 考 文 献

[1] 中国科学院植物研究所. 中国高等植物图鉴：第一册 [M]. 北京：科学出版社，1980.

[2] 中国科学院植物研究所. 中国高等植物图鉴：第二册 [M]. 北京：科学出版社，1980.

[3] 中国科学院中国植物志编辑委员会. 中国植物志：第七卷 [M]. 北京：科学出版社，1978.

[4] 中国科学院中国植物志编辑委员会. 中国植物志：第二十卷第二分册 [M]. 北京：科学出版社，1984.

[5] 中国科学院中国植物志编辑委员会. 中国植物志：第二十一卷 [M]. 北京：科学出版社，1979.

[6] 中国科学院中国植物志编辑委员会. 中国植物志：第二十二卷 [M]. 北京：科学出版社，1998.

[7] 中国科学院中国植物志编辑委员会. 中国植物志：第二十三卷第一分册 [M]. 北京：科学出版社，1998.

[8] 中国科学院中国植物志编辑委员会. 中国植物志：第三十卷第一分册 [M]. 北京：科学出版社，1996.

[9] 中国科学院中国植物志编辑委员会. 中国植物志：第三十一卷 [M]. 北京：科学出版社，1982.

[10] 中国科学院中国植物志编辑委员会. 中国植物志：第三十五卷第二分册 [M]. 北京：科学出版社，1979.

[11] 中国科学院中国植物志编辑委员会. 中国植物志：第三十六卷 [M]. 北京：科学出版社，1974.

[12] 中国科学院中国植物志编辑委员会. 中国植物志：第三十七卷 [M]. 北京：科学出版社，1985.

[13] 中国科学院中国植物志编辑委员会. 中国植物志：第三十八卷 [M]. 北京：科学出版社，1986.

[14] 中国科学院中国植物志编辑委员会. 中国植物志：第三十九卷 [M]. 北京：科学出版社，1988.

[15] 中国科学院中国植物志编辑委员会. 中国植物志：第四十卷 [M]. 北京：科学出版社，1994.

[16] 中国科学院中国植物志编辑委员会. 中国植物志：第四十一卷 [M]. 北京：科学出版社，1995.

[17] 中国科学院中国植物志编辑委员会. 中国植物志：第四十二卷第一分册 [M]. 北京：科学出版社，1993.

[18] 中国科学院中国植物志编辑委员会. 中国植物志：第四十三卷第一分册 [M]. 北京：科学出版社，1998.

[19] 中国科学院中国植物志编辑委员会. 中国植物志：第四十四卷第三分册 [M]. 北京：科学出版社，1997.

[20] 中国科学院中国植物志编辑委员会. 中国植物志：第四十五卷第一分册 [M]. 北京：科学出版社，1980.

[21] 中国科学院中国植物志编辑委员会. 中国植物志：第四十六卷 [M]. 北京：科学出版社，1981.

[22] 中国科学院中国植物志编辑委员会. 中国植物志：第四十七卷第一分册 [M]. 北京：科学出版社，1985.

[23] 中国科学院中国植物志编辑委员会. 中国植物志：第四十八卷第一分册 [M]. 北京：科学出版社，1982.

[24] 中国科学院中国植物志编辑委员会. 中国植物志：第四十九卷第二分册 [M]. 北京：科学出版社，1984.

[25] 郑万钧. 中国树木志：第一卷 [M]. 北京：中国林业出版社，1983.

[26] 郑万钧. 中国树木志：第二卷 [M]. 北京：中国林业出版社，1998.

[27] 郑万钧. 中国树木志：第三卷 [M]. 北京：中国林业出版社，1997.

[28] 郑万钧. 中国树木志：第四卷 [M]. 北京：中国林业出版社，2004.

[29] 华北植物志编写组. 华北植物志 [M]. 北京：中国林业出版社，1984.

[30] 河北植物志编辑委员会. 河北植物志：第一卷 [M]. 石家庄：河北科学技术出版社，1986.

[31] 河北植物志编辑委员会. 河北植物志：第二卷 [M]. 石家庄：河北科学技术出版社，1988.

[32] 贺士元，邢其华，尹祖堂. 北京植物志：上册 [M]. 北京：北京出版社，1993.

[33] 孙立元，任宪威. 河北树木志 [M]. 北京：中国林业出版社，1997.

[34] 汉拉英中国木本植物名录编委会. 汉拉英中国木本植物名录 [M]. 北京：中国林业出版社，2003.

[35] 张天麟. 园林树木 1600 种 [M]. 北京：中国建筑工业出版社，2010.

[36] 楼炉焕. 观赏树木学 [M]. 北京：中国农业出版社，2000.

[37] 陈有民. 园林树木学 [M]. 北京：中国林业出版社，2011.

[38] 赵田泽，纪惠芳，吴京民. 中国花卉原色图鉴 I [M]. 哈尔滨：东北林业大学出版社，2010.

[39] 赵田泽，纪殿荣，杨利平. 中国花卉原色图鉴 II [M]. 哈尔滨：东北林业大学出版社，2010.

[40] 孟庆武，纪殿荣，纪惠芳. 图说千种树木 1[M]. 北京：中国农业出版社，2009.

[41] 孟庆武，纪殿荣，纪惠芳. 图说千种树木 2[M]. 北京：中国农业出版社，2010.

[42] 孟庆武，纪殿荣，吴京民. 图说千种树木 3[M]. 北京：中国农业出版社，2010.

[43] 孟庆武，纪殿荣，李彦慧. 图说千种树木 4[M]. 北京：中国农业出版社，2011.

[44] 孟庆武，纪殿荣，郑建伟. 图说千种树木 5[M]. 北京：中国农业出版社，2013.

[45] 刘与明，黄全能. 园林植物 1000 种 [M]. 福州：福建科学技术出版社，2011.

[46] 徐晔春. 观叶观果植物 1000 种经典图鉴 [M]. 长春：吉林科学技术出版社，2009.

中文名称索引

拉丁文名称索引